漫畫量子力學 ①

原子世界大探索

李億周 이억주 著 ☆ 洪承佑 홍승우 繪 ☆ 陳聖薇 譯

物質最小單位長什麼樣子？
穿越時空，與大科學家探索原子的真面貌

漫畫家的話

大家好，我是漫畫家洪承佑。從小我就很尊敬科學家，因為科學家為大家探究我們居住的地球，以及宇宙萬物如何出現、依循什麼法則。

大家假設眼前有一顆蘋果，我們把這顆蘋果對半切、再對半切、再對半切的話，會出現什麼呢？沒錯，就是原子，原子就是形成世間萬物的基本單位。量子力學就如同原子，探索再也無法分隔的單位內所發生的物理現象。

遙遠的古希臘時代，就有人對那小之又小的世界充滿疑惑與疑問，科學家歷經數千年的原子探究之後，我們已經知道原子裡面有什麼、如何運作，但還有許多我們未知、必須知道的真相。

好奇是哪些科學家帶著這些疑問、又做了什麼研究嗎？我們一起透過漫畫學習他們的故事，與原子世界的物理法則。本書我們要與多允一家人一起回到過去，在原子的世界裡探險。

好的！大家是不是準備好，要與漫畫裡的角色們一同進入眼睛看不見的小小世界呢？

我們開始吧！

洪承佑

作者的話

大家如果沒有手機或電腦的話，可以生活嗎？
應該會有種回到原始時代的感覺吧。

今日科學帶給我們生活上的各種便利，就是因為量子力學才有登場的機會，尤其是手機與電腦採用的半導體原理，也可用量子力學說明。

科學發展的歷史上有兩回「奇蹟之年」，第一次是牛頓發現萬有引力定律與運動定律，並說明月亮與蘋果運行的一六六六年；第二次是愛因斯坦發表光電效應的偉大論文，奠定量子力學基礎的一九〇五年。牛頓的運動定律是探索可以用眼睛看見的宏觀世界，量子力學卻是研究無法用眼睛看到的微觀世界。

想完全理解量子力學，真的不是一件簡單的事情，但只要有好奇心，就能看見某個物質是由什麼形成、物質內發生了什麼事。

好奇心是探索科學最大的基礎，這本書就是帶著好奇心探究物質世界科學家的故事。從古希臘哲學家德謨克利特，到成功讓量子瞬間移動的安東・塞林格，透過這些對量子力學有所貢獻的科學家，為大家介紹微觀世界。

李億周

目次

量子力學……？
我也想知道，
但是好難。

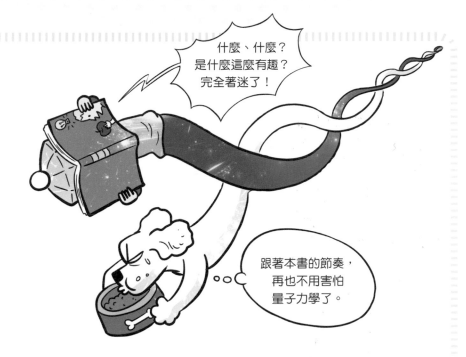

什麼、什麼？
是什麼這麼有趣？
完全著迷了！

跟著本書的節奏，
再也不用害怕
量子力學了。

登場人物

鄭多允
物理國小五年級。
只要關於物理,他都帶著
好奇心,是個好奇大王。

Mix
多允家的寵物狗,
是個貪吃鬼。

多允的家人
彼此愛護的
一家人。
相聚時總是
充滿歡笑。

金敏瑞
物理國小五年級。
博學多聞,好奇心
滿點的聰明小孩。

德謨克利特
古希臘哲學家
（西元前 460?～西元前 370?）

羅伯特 · 波以耳
英國化學家
（1627～1691）

安東萬 · 拉瓦節
法國化學家
（1743～1794）

約翰 · 道耳頓
英國化學家
（1766～1844）

德米特里 · 門得列夫
俄羅斯化學家
（1834～1907）

艾薩克 · 牛頓
英國物理學家
（1643～1727）

約翰 · 巴耳末
瑞士物理學家
（1825～1898）

西奧多 · 來曼
美國物理學家
（1874～1954）

約瑟夫 · 湯姆森
英國物理學家
（1856～1940）

歐尼斯特 · 拉塞福
紐西蘭物理學家
（1871～1937）

尼爾斯 · 波耳
丹麥物理學家
（1885～1962）

第1章
奇蹟般的中獎了

哇！
來了！
終於來了

來了，
來了！

嗒 嗒嗒 月

耶～
啊～
What's up, man?

耶～呦！
What's up, man!

不是啦！
是科學夏令營
雜誌來了！

噗嚕嚕

啊，對吔，
這一期會發布，
對吧？

抱著姑且一試的想法，
讓多允去申請，居然中獎了。

水！
水！

冒泡
冒泡

做到了，
啊啊啊……

爸爸回來……
吼！
發生什麼事啊？

哥哥中了
樂透了。

什麼？
樂透能比嗎！
妳現在是在汙衊
我的智商嗎？

喔！
醒了啊。

中獎？這回爸爸我要去
瑞士出差，我們可以
一家人一起去了。

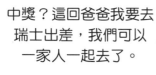

喔耶！
爸爸是現代物理學
研究所的研究員，
實在是太棒了。

那麼冬允
也喜歡現代
物理學囉？

抱

怎麼沒有回答？

……

嚼
嚼

諾貝爾物理獎得獎者是
英國彼得・希格斯教授
與比利時弗朗索瓦・
恩格勒教授。

加油！科學新聞

比預定時間還晚
一小時發布。

嚼
嚼

呃…… 所以
彼得·希格斯教授……
一九六四年…… 呃……
原子由十二個小粒子……
呃………

彼得·希格斯

……

在這之間
傳遞能量的粒子有四個……
所以總共有十六個粒子……

對十六個粒子來說，
有第十七個給予質量的粒子。
呃……

17
希格斯粒子

太……
真的太難了……

所以就以自己的名字，
命名為「希格斯粒子」。

可以更簡單的
說明嗎？

有……
有難度……

啊 啊啊
啊

啊，請繼續……

呃…… 所以……
恩格勒教授在同一年
創建了理論說明
希格斯粒子如何提供質量
給其他粒子。

關於希格斯粒子
所扮演的角色。

弗朗索瓦·
恩格勒

不過，已經是
很久以前創立的理論，
為什麼現在才拿到獎？

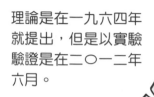

理論是在一九六四年就提出，但是以實驗驗證是在二〇一二年六月。

是以 CERN 設置在地下的「大型強子對撞機」（LHC）設備做的實驗。

是啊，所以我現在可以去那個 CERN 了，是嗎？等等我，CERN！

閉嘴！飯噴出來了啦！

哇哈哈！

瑞士　　　　法國

這是跨國的設備，真的相當龐大。

呼呼，這次去 CERN 的話，一定可以發揮我的能力……

飯 飯飯

那爸爸什麼時候可以拿到諾貝爾獎？

呃！

爸爸拿不到嗎？為什麼拿不到？

？？

……

不要一直問，妳這孩子……妳以為妳爸不想拿到嗎？

嗚 哇 哇

走吧！我們出發前往 CERN 的所在地，瑞士日內瓦吧！

CERN（歐洲核子研究組織）

哇！終於到了！

唷呼！歡迎來到 CERN！我是導遊沃夫岡！

咦！沃夫岡……阿瑪迪斯·莫札特？

希格斯粒子就如同會讓身體充滿旋律的莫札特四十號交響曲！

呃啊啊啊！

導遊他，是音樂家？

快板！

再快一點！

奇怪的人……

那個……我有一個問題。

為什麼科學家企圖找出世界上最小的物質呢？

這個呀，當然……是因為好奇啊！

轉頭

驚

因為想知道物質是由什麼組成的想法，從人類誕生的那一刻就有了。

喔嗚喔嗚

同學，同學，你覺得物質是由什麼組成的呢？

想知道這裡面長怎樣。

那個……

當然是原子啊！

喔，厲害！

阿莎！

握握

但是，這不是正確答案……

吼！

那麼，
你們要參觀一下
CERN 嗎？

當然要！

霍地

這個設備叫作 LHC，
是世界最大的
粒子加速器。

哇！
LHC 居然是
這麼大的設備！

加速器圓周長 27 公里，
橫跨瑞士與法國國界。

瑞士

法國

圓周長 27 公里

我們現在
是在哪邊？

在法國。

這個管子是加速到光速的粒子的奔跑道路。

就這樣讓粒子互相撞擊，看看粒子會形成什麼。

咦？Mix 跑去哪裡了？

Mix，不准到處亂跑！

名字和希格斯很像*，可是你為何成天闖禍啊？

*注：希格斯英文是「Higgs」，和 Mix 念起來很像。

！

非相關者禁止入內

該不會……是在這邊吧？

左搖右晃

不穩

我的媽啊……
暈頭轉向，希、格斯！

為什麼
會這樣
打嗝呢？

希格斯！

第一次看到如此
強烈的光線……
希、格斯！

跑去哪裡了啊！
導覽中不可以
隨便亂跑！

嘿嘿！

希格斯！

希格斯！

好的，
今天的見習如何呢？

該怎麼說呢……
相當衝擊……

希格斯！

希格斯！

Restaurant Higgs

Restaurant Higgs

歡迎光臨！

你在這邊等。

嘆！

如何？
CERN 的規模很厲害吧？
妳知道現在韓國的科學家
也有參與研究吧？
是我的朋友李錫秀博士喔。

你就邊吃蝸牛料理
邊等吧～

太棒了！

不要一直
打嗝！

希格斯！

啊，是嗎？
所以是研究夸克的
那位嗎？

興奮

興奮

夸克？
夸克是什麼？

夸克就是形成質子
與中子的粒子。

算子

夸克

原子　　原子核

量子力學這個物理學的新領域，
就是集中於研究非常重要的粒子。

質子、中子、電子、
量子力學…… 突然覺得
一陣暈眩……

真的從很久以前，
就一直在研究這個
小小世界嗎？

是的，
古希臘學者認為
世間萬物都是由
四種物質，也就是
水、火、空氣、土
形成的。

所以我們吃的
食物裡面也有土？

不過水是由
氫與氧原子構成的，
不是嗎？

H_2O

咕嚕 咕嚕

嘎嘎

你們
知道原子嗎？
嗚哈哈！

哇！

△德謨克利特
西元前四六O? ~西元前三七O?

是的，不過古希臘時代
不知道原子是什麼，
雖然德謨克利特有主張過
原子論。

打擾了，請問要點餐了嗎？

是的，麻煩給我一份烤鮭魚時蔬。

我要馬鈴薯漢堡牛排。

我要海鮮義大利麵。

最後這位小客人呢？

我的話……

龍蝦和牛排合體的「龍蝦牛排」！

滋 啪

嗚啊！

哇嗚？

一陣暈眩

噗哈哈哈！

唉唷……
這裡是
哪裡啊……

老爺爺，
這裡是哪裡啊？

什麼哪裡？
這是「atomos」
創造的世界啊。

atomos？
可您為什麼
笑成那樣啊？

哇哈哈哈

世上所有物質
持續分割下去，
就會剩下再也無法
分割的 atomos，
呵呵！

所以呢？

atomos 就是
「無法再分割」，
也就是原子！*

所以
到底為什麼
要笑啊？

*注：atomos 是古希臘語「無法再分割」的意思。是原子英文「atom」
的字源。

人們完全不懂我這
寶貴的想法，
讓我很無言，
所以我也只能這樣人笑！

可是這個世界
本來就是由原子
形成的啊……

哇哇，
終於出現同意我
德謨克利特的人了！

德謨克利特？
主張原子論的
那位？

居然有這種事！
你知道我是誰？

啊……
是我爸跟我
說的。

哇嗚，真的嗎？
你爸爸真的
很偉大啊！
居然認識偉大的
學者！

哈哈哈！

吼
根本
自誇

不過，您真的
很會笑。

所以人們都叫我
「笑的哲學家」。

哈哈

哈
啊

總之……
我認為所有物質
都是由原子構成。

可是……

？

有一位
稍微比我不有名的哲學家，
泰勒斯老師的想法，
就與我不同。

！

泰勒斯
西元前六二四？
～西元前五四六？

萬物的根源
是水！

哈

世間萬物
都是水造的，
最終也會變成水。

神奇的是，人們反而更願意相信、追隨他。

因為我更有名氣啊！

哈哈

咕嚕嚕。

啊育喂啊！

物質的根源是水、火、空氣、土。

還有，比我早三十年的前輩哲學家恩培多克勒的主張是這樣的。

恩培多克勒

西元前四九五？～西元前四三五？

咦！是指「四元素說」嗎？

哇！你比看起來還要聰明吔！

哈哈！我有點像我爸……

所以經常聽到這種……

真乖！很會吃。

嚼嚼

我現在是在對誰說話！

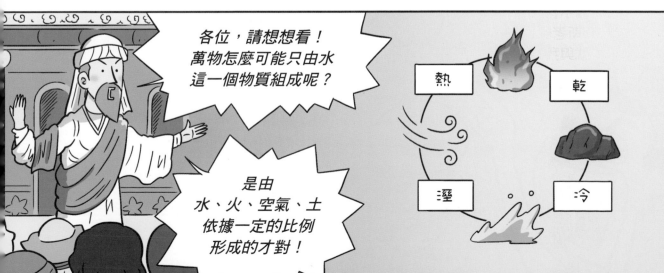

各位，請想想看！萬物怎麼可能只由水這一個物質組成呢？

是由水、火、空氣、土依據一定的比例形成的才對！

熱

乾

溼

冷

舉例來說，我們的骨頭是由火、水、土，以 1：2：2 的比例混合而成。

原來如此。

嗯，感覺和料理方法很像。

就算是水，也是氫和氧形成的……

氫？氧？那是什麼？吃的嗎？

啊……沒有，沒事！

不要太狂妄，萬一改寫歷史，你要負責嗎？

總而言之，我就是聽了恩培多克勒的說法，才領悟到這一點，呼哈哈！

人骨料理比例錯了嗎？

那……是哪一點？

啪

物質持續分割的話，最後會剩下什麼呢？

那個我也不知道！我媳婦也不知道！

唰 唰 唰！

薟

舉例來說，蘋果切半後，可以再切半對吧？

切 切 切

繼續切半的話會如何？會切到無法繼續切半對吧？

切切切

不可能繼續了！

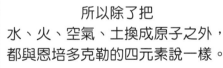

原子

所有物質是由不能再分割的原子形成，不同原子的組成，創造了許多物質。

這時剩下的就是我剛說的「atomos」，也就是原子。

所以除了把水、火、空氣、土換成原子之外，都與恩培多克勒的四元素說一樣。

沒錯！

原子永恆不變！

原子

嘿嘻嘻呼哈！

長生不老

數量是無限！最終宇宙萬物的數量是無限的！

原子和原子之間
有空隙！
所以宇宙萬物
是由原子與空隙
組成的！

這是我的想法。
哇哈哈哈！
呼哈哈哈！

您的笑聲
感覺越來越
奇怪……

可是，大家根本就
不相信我說的，
只相信恩培多克勒的
四元素說！
到底為什麼？

嘎嘎嘎

為什麼？為什麼？

只要做出可信任的
實驗給人們看
不就可以了嗎？

但人們更相信
想法，而不是
實驗……

嘆～

不過，孩子啊！
你真的很不錯！
我很喜歡你。

我嗎？

您
過獎了

抽

哇哈呼哈哈哈！
我要去旅行了！
旅行的話，就能領悟
宇宙的道理！

溜

溜～

吼，
怎麼可以丟下
我們跑走啊！

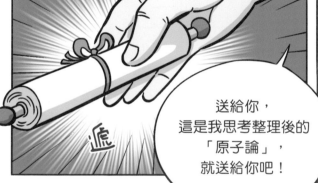

送給你，
這是我思考整理後的
「原子論」，
就送給你吧！

遮

如果早點接受
德謨克利特的
原子論的話，物理學
是不是能發展得更快？

有可能，因為
原子論被四元素說
埋葬了近兩千年以上
無法動彈。

咦！多允，
你臉色不太好，
是肚子不舒服嗎？

沒……沒有，
我沒事……

我的天啊！
我手上居然有
德謨克利特爺爺的
筆記！
這不是夢！

第2章
帶著原子論跑的法國高速列車

從瑞士日內瓦搭上法國高速列車，出發前往法國巴黎！

咻咻咻

我居然回到過去……這是夢還是？

咻咻。 咻

?

可筆記真的在我手裡，所以肯定不是夢！

那是什麼？

呃！什麼都不是！

可是爸爸，為什麼德謨克利特的原子論被埋沒超過兩千年呢？

因為人們多數都相信四元素說。

不是啊……
為什麼會相信那種說法！
真的很無言吔。

等等，
我們搭錯車了！
這台車是要去德國的！

欸，什麼？
那怎麼辦？

為什麼會相信那種說法！
真的很無言吔。

不過……
也因為有四元素說，才會產生原子論。

正式開始懷疑四元素說的人就是羅伯特・波以耳。

當然還有其他人也開始懷疑。

是唷，哪裡？

哪裡……
怪怪的……

恩培多克勒的靈魂

十七世紀後葉，英國

不是啊，說那珍貴的金與銀只用水、火、空氣、土組成，像話嗎？

就是說啊！

還說銅與鉛
也是由四種元素
形成！

一點都不像話，
四元素說
不能相信！

有種
我的處境
越來越危險的
感覺……

偷偷的
偷偷的

嚓

哇！

物質的根源
是水、火、空氣、
土的說法是謊言，
肯定還有其他的物質。

我要
走啦～

呼
快閃

登登！

我一定要
透過實驗證明！

我要
走啦～

居然
自帶澎湃
音效…

實驗？
什麼實驗？

該不會
是用刀切成
很薄很薄！

要做出那種刀
更難……

不是的，
波以耳做出了
J型玻璃管。

J型
玻璃管？

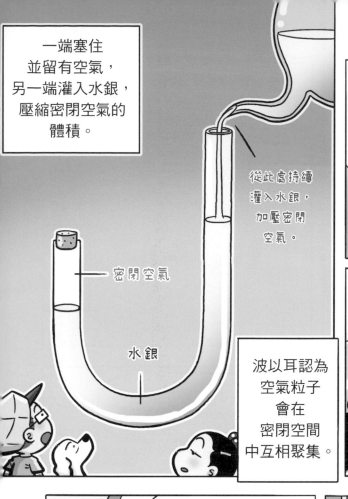

一端塞住並留有空氣，另一端灌入水銀，壓縮密閉空氣的體積。

從此處持續灌入水銀，加壓密閉空氣。

密閉空氣

水銀

波以耳認為空氣粒子會在密閉空間中互相聚集。

房間內的人看起來……稀稀落落的。

救人，不！救空氣！

空間越來越狹窄，好像站滿人。

是吼！真是一絕！

根據四元素說，沒有辦法減少空氣的體積嗎？

四元素說認為沒有真空，所以無法壓縮空氣。

最後，波以耳這項實驗，發現了一個很重要的定律。

壓力增加時，壓力越大，空氣的體積就會越少！

是的，你說得沒錯！所以快點救救我們！

這就是「波以耳定律」！

嗯，原來火也是粒子、熱也是粒子運動形成的！

實驗！

實驗！

噴火 噴火 燒

啊

滋 啊

很好，來寫一本粒子論的書吧！

啪

哇哈，人們終於開始相信原子論！

哈哈！

不，其實那之後，還要再等一百年。

倒！

吼

直到法國的拉瓦節出現為止。

最近科學發展的速度，簡直是法國高速列車的水準。

嚼 嚼 嚼

以往的科學幾乎是烏龜水準……

誰在談論我……

拉瓦節？

緩爬 緩爬

灌 灌

喂，鄭冬允！
只有妳要喝嗎？
我也要喝啊！

舔
舔

很卑鄙吔！
居然用口水攻擊！

妳以為這樣
我就不敢喝嗎？

搶

灌 灌 灌灌

噁，
好髒喔！

爽！

咕嚕嚕

看看
你這人

喔，這不是水？
是氣泡水啊？

水、二氧化碳……
液體混合氣體……

噗～

咳咳，
我是拉瓦節。

拉瓦節？

？

等待了
一百年的那個
有名科學家？

什麼一百年，
我說是
一百天啊？

啊，沒有，
沒事！

你說話
小心點！

喔？

是說，
現在是在煮
什麼東西啊？

嗯？ 這個？

沸騰

沸騰

什麼呀，
水幾乎都要
沒了啊？

沸騰

沸騰

那個，是要喝咖啡嗎？
那我要一杯可可。

我要
焦糖瑪奇朵
濃一點。

這裡不是咖啡廳！
現在實驗中，實驗中！

那就等水稍涼來洗個澡！

別脫！
穿上衣服！
你們到底是誰？

抓癢

我們是從
大韓民國來的。

噓！
小心點！

大韓民國？ 那是哪裡？
怎麼從剛剛開始一直
說我聽不懂的話。

總……總之，
我和爸爸正在討論
波以耳的原子論，
然後就跑到這裡了……

喔喔喔，
所以你知道波以耳老師！
這點我們是相通的！

所以您也認識
波以耳？

當然！
我也和波以耳老師一樣，
認為四元素說是錯的！

恩培多克勒
又來了？

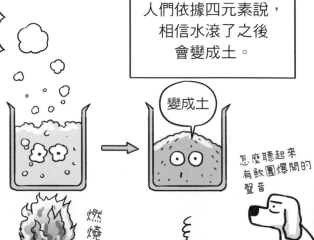

人們依據四元素說，
相信水滾了之後
會變成土。

變成土

燃燒

怎麼聽起來
有飯團爆開的
聲音

因為植物只要有水
就能長大，
所以認為水會轉變成土。

洋蔥

喔喔！
長出根了！
看來水和土
是一樣的！

這樣看來，
好像是
對的……

甚至波以耳老師
也這樣認為。

水持續滾的話，
會剩下固體！

這個是水變化
產生的土！

也太有
自信了吧……

但其實
我很懷疑那是不是
真的。

所以才想
做實驗確定啊！

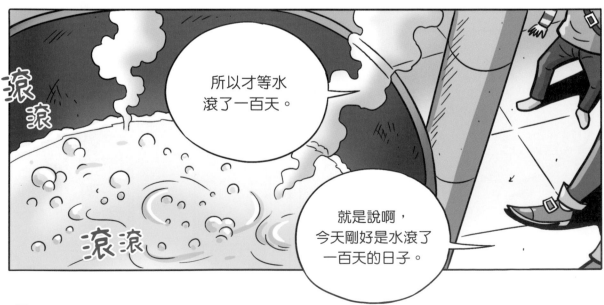

滾
滾

所以才等水
滾了一百天。

滾滾

就是說啊，
今天剛好是水滾了
一百天的日子。

現在都煮沸了，水完全消失了。

啊，容器內有固體。

吼！怎麼可能！

咦！

原來真的讓水持續煮沸，就會產生固體啊！

嘿嗨！

Unbelievable!

不會真的相信吧？

把那個大磅秤拿過來！

Yes, sir!

完全投入

阿煞煞！

噠噠噠

唧唧唧

很興奮的樣子！

測量產生的
固體質量……

大磅秤
準備完成!

測量容器的
質量……

這個
固體的質量,
與容器消失的
質量一樣!

!

那麼……

難不成……
那些固體是水煮沸時,
溶解了部分容器
而產生的嗎?

吼!你該
不會因為
沒有變成土
而失望吧?

哇!太棒了!
你真的是
太聰明了!

不會變成土,沒有變成……

喂!鄭多允!
你振作一點!

42

所以，最終不會產生物質，或是有任何破壞！只是形態有所改變！

啊⋯⋯是的⋯⋯

驗前後的量完全沒有變！

舉起

化學就不是魔術啊

整體質量固定！這就是「質量守恆定律」！

拉瓦節發現的唯一定律。

哈哈！好！心情好！我有東西要給你們看！

?

泰勒斯說所有物質的根源是水對吧。

四元素說也說過水是基本物質之一，對吧！

可是我不這樣想。我認為水就是更小的元素集結而成。

也就是說，我們剛剛的實驗已經證實了！

哇哈！

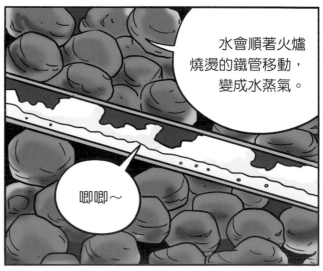

事實上就是
水可以分解成
其他元素！

四元素說的
恩培多克勒啊，
掰掰！

還真的
走了！

你看這些，
是過去這段期間
實驗發現的
物質。

哇……

銅　　鉛　　硫磺　　氧化鎂　　鋁

我終於知道為什麼
人們都稱呼您為
「近代化學之父」了。

什麼之父？
我還沒結婚，
還單身……

不是，
那個……
就有這樣
說啦。

噓！

啪！
啪！

布穀！
布穀！

鈴
鈴
鈴

啊，我必須要去
國立學會發表論文。
要遲到了！

論文！
我的論文
放哪邊了？

手忙腳亂

該不會……
是這個吧？

我的外套、
帽子！ 都跑去
哪裡了？

這裡……

手忙腳亂

……

總之今天我
很開心，我想
回報你……

唰！

？

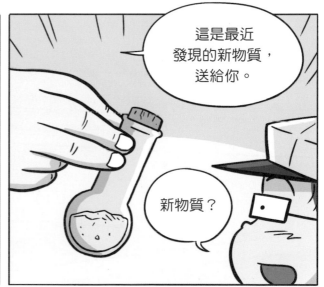

這是最近
發現的新物質，
送給你。

新物質？

拉瓦節老師，
發表順利！

我一直都
做得很好的！

吼！

自戀

繼德謨克利特
之後，這是
第二份禮物……

嘰

火車根本就不會晃，
怎麼會暈車，
是他太虛弱！

我才不是
暈車！

最近的男學生
真的是太虛弱了。

怎麼有點
不安……？

男生
有時候
真的很笨。

變形蟲一類的
單細胞
生物……

哥哥也
不例外。

一小時後

持續一小時那樣，
幸福嗎？
多細胞少女小姐？

嗚嗚嗚……

瓶內空氣體積縮減，
壓力增加，
所以就會吸住，
嘖嘖！

第3章
翻越海峽，翻越！

好的，巴黎之旅結束，現在往下一個地點出發！

呼，終於拔出來了。

拔秀秀

再也不敢做這種事情了……

總之，拉瓦節是百年難得一見的科學家。

她說那是有名的數學家拉格朗日*說的。

嚇！居然可以聽懂冬允說什麼？

啊嗚啊，嗚嗚啊……

嗯，妳說什麼啊？

！

我是媽媽啊，爸爸和媽媽都可以。

*注：約瑟夫．拉格朗日伯爵（一七三六～一八一三），是法國數學家及天文學家。

冬允也真是百年難得一見的孩子，可以把自己的嘴巴弄成這樣……

嗚嗚啊啊啊！

她說閉嘴。

年僅五十一歲的拉瓦節，就這樣死在斷頭台上。

還有好多實驗要做！

啾 啾

拉格朗日

拉瓦節的死只是一瞬間，但往後百年歲月再也沒有和他相似的人出現！

所以又要等一百年？

我的天啊！就在等待中虛度光陰……

幸好，科學家道耳頓隨即登場。

嗚哇，幸會幸會。

哈哈，我錯了嗎？

哇，是韓文和英文結合的名字吔！

你在說什麼？

?

好帥！

頓在英文不就是「旋轉」的意思嗎？所以「道耳、頓」，真的是好名字。*

轉啊轉轉啊轉～

呃呃

*注：「道耳」的韓文發音與韓文「旋轉」這個詞相近，「頓」則是念起來像英文的「旋轉」（turn）。

*注：「牛頓」英文為 Newton。前面「new」的意思是「新」。

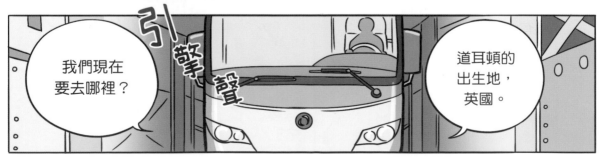

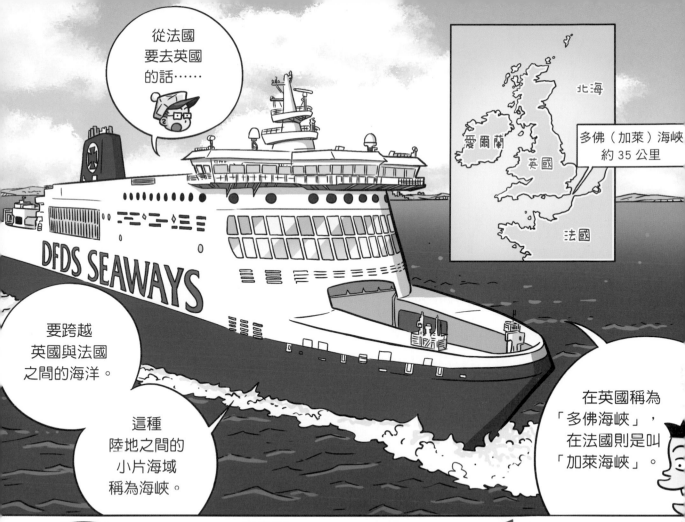

從法國
要去英國
的話……

北海

多佛（加萊）海峽
約 35 公里

愛爾蘭

英國

法國

要跨越
英國與法國
之間的海洋。

這種
陸地之間的
小片海域
稱為海峽。

DFDS SEAWAYS

在英國稱為
「多佛海峽」，
在法國則是叫
「加萊海峽」。

哇！
35 公里
很短吔，
比馬拉松距離
還短。

現在嘴不腫啦？
話也開始說得
清楚。

嗚啊啊啊啊

我的老天爺！

加萊、多佛……
為什麼要有
不同名稱，
搞得這麼複雜。

乾脆合併
叫作
「加佛海峽」
不就好了！

我要去問問其他人，
一定有問題！
我很好奇！

喂！你一點
都不好奇
我為什麼突然
出現在你房裡？

我看到的
明明就是灰色！
為什麼所有人
都要騙我！

沒有啊……

哥！
這是什麼
顏色？

是在開玩笑嗎？

你看到鼻血
就知道了

火大

大叔！
你看這是
什麼顏色？

紅色。

阿姨！
這是什麼……

紅色

你和我
一樣吔，
你好啊！

我還以為有
整人隱藏攝影機……
原來大家
不是騙我的。

我的眼睛……
我的眼睛
一定有問題……

汪

是漫畫啊，
別計較！

這時代怎麼
會有隱藏攝影機，
很怪啊

你……
該不會是色盲？

嗚嗚……
應該是。

抽泣

很好啊，
為什麼要哭？

我一定要成為
科學家，
專心研究色盲！
就能幫助
和我一樣的人！

好主意。

凹嗚～

熱情

朋友啊，
跟我去
曼徹斯特！

什麼，曼徹斯特？
朴智星 * 所在地？
這麼突然？
為什麼要我去？

嗞

我不知道朴智星
是誰，但我要去念
曼徹斯特大學，
一定要！

等等，你連
我的名字都不知道！
到底是太開放
還是怎樣？

那一點
都不重要！

* 注：韓國足球選手，曾加盟英國曼聯足球隊。

啪

吼，
這裡是哪裡？

？

轉頭

唉呀！

啪

啊！對！
是說好今天
要來的學生！

我？ 學…學生？

我的名字是道耳頓。
現在在研究色盲。

我是無法區分
紅色與綠色的
綠色盲。

看來是有人
申請來上課的
樣子。

等等……色盲的話？
剛剛那個孩子是小時候的
道耳頓，現在這個……
是長大後的道耳頓？

什麼啦，
現在是時空
綜合移動嗎？

轉啊轉
轉啊轉～

但是……
要找出區分色盲的
方法真難。

這……
這個！

是啊，想說要弄個
色盲表，可是要
指定顏色好難，
所以無法完成。

12！53！
好有趣！

這個呢？

色盲表的話，就是身體檢查時看到的那個？

啊，對了！正好有用手機拍下那個色盲檢查表。

你現在是想幹什麼？

你現在……看的是什麼？

道耳頓老師！借我水彩、筆和紙！

？

你要去哪裡？

馬上回來！

你現在是想做什麼啊？

噗噗

三十分鐘後

你做了什麼？

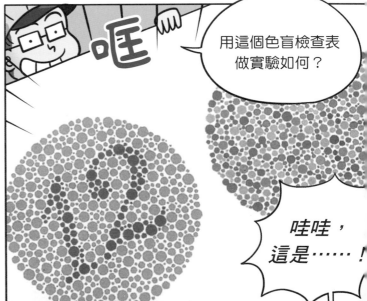

哐

用這個色盲檢查表做實驗如何？

哇哇，這是……！

該不會聽過法國的拉瓦節?

閃 亮

記得我嗎?

當然,提到拉瓦節,就是「質量守恆定律」!

自信滿點

哈哈哈

哇!果真

化學反應前與後的質量不變,就是質量守恆定律!

哈哈

我教得好啊

哇,很厲害吔?

還有,法國科學家普勞斯特發表的「定比定律」。

定比……?那是什麼?吃的嗎?

普勞斯特?

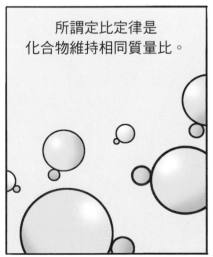

所謂定比定律是化合物維持相同質量比。

舉例來說,

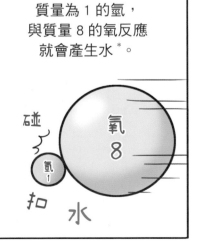

質量為 1 的氫,與質量 8 的氧反應就會產生水*。

碰

氫 1

氧 8

扣 水

*注:事實上是一個氧原子與兩個氫原子反應成為水分子,因以質量比較好理解,所以上圖採用質量做説明。

哈哈！
我稍微
長大了吧？

氫
2.5

萬一水中氫原子的質量
加大 2.5 倍，

氧所占的質量
就變成 20。

$$2.5 \times 8 = 20$$

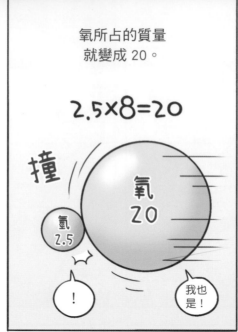
撞
氧
20
氫
2.5
！
我也
是！

氫：氧的質量比
就是 1：8。

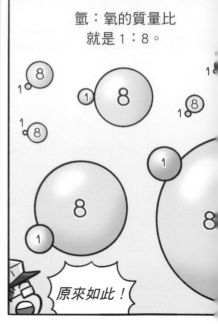
原來如此！

還有，
波以耳發現
所有物質
都是由很小的
粒子形成！

呵呵！

可是為什麼
突然說起
這些事情？

呃

質量守恆定律

粒子論

定比
定律

總整理
這些事實之後
我得出的結論
就是「道耳頓的
原子說」

道耳頓的
原子說！

我，道耳頓主張的原子說如下！

滋啪！

第一，所有物質由稱為「原子」，不能再分割的小粒子組成。

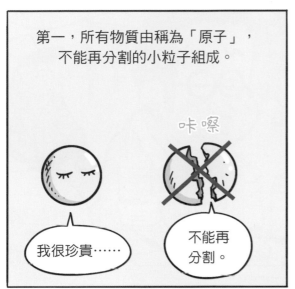

我很珍貴……

不能再分割。

第二，同一元素的原子，大小、質量、性質相同；不同元素的原子，大小、質量、性質各自不同。

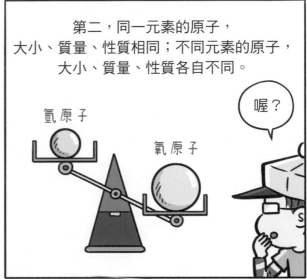

氫原子

氧原子

喔？

即便原子的種類一樣，也有質量不同的同位素……

沒有，一定沒有！

第三，化學反應只會改變原子的位置，不會變成其他元素的原子，或是消失不見。

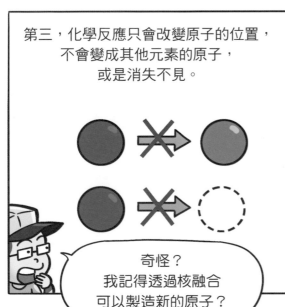

奇怪？我記得透過核融合可以製造新的原子？

聽到最後！

最後，兩個不同的原子，依照一定比例形成新的物質。

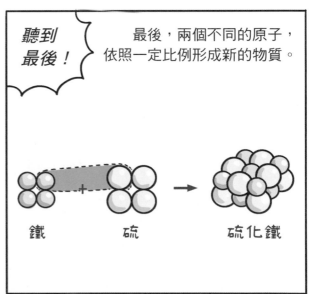

鐵

硫

硫化鐵

在我看來只有最後那個才是對的。

是啦，是啦！統統都是你對啦！

爆氣

摔

對……對不起，我只是有點興奮。

其實，你的反對意見很正常，像你這樣一直不斷提問，正是持續探索宇宙的科學家該做的事情。

不！其實只是整理也是一件相當偉大的事情……

實驗都……做完了？

是的，你看這個。

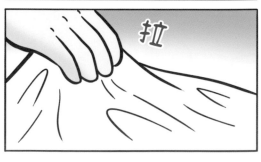

拉

若說德謨克利特用想的就想出原子論的話，

我的原子說就是用實驗證明的！

喔……我們那個時候不太重視實驗，果真時代不同了。

哇，看看這些工具！

我為了證實原子說是對的，一直做著各種不同的實驗。

結果我找出來了。

什麼？

舉例來說，一個是一氧化碳另一個是二氧化碳。

一氧化碳是 CO，二氧化碳是 CO_2……

各自碳質量一樣，而氧的質量比是 1：2

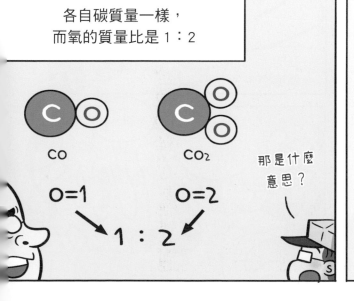

CO　CO_2

O=1　O=2

1：2

那是什麼意思？

不是 1：1.5 或 1：2.3，而是 1、2、3 一類的整數。

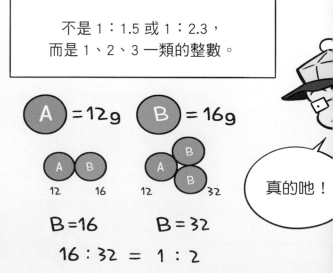

A = 12g　B = 16g

B = 16　B = 32

16：32 ＝ 1：2

真的耶！

這個就是
「倍比定律」。

等等……
標記碳和氧的
化學元素符號，
也是老師您
做的嗎？

不是，就只是
舉例說明而已！

當時沒有
化學元素符號，
是為了符合
當今化學元素符
寫上的。

CO_2
H_2O
?

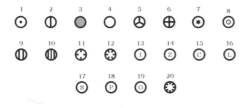

Simple

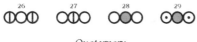

Binary

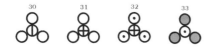

Ternary

Quaternary

Quinquenary & Sextenary

Septenary

不過，我依據我的想法
提出了這些符號。
我想總有一天會用到
這些符號的。

總之，孩子啊！
你真的很棒，
我很喜歡你。

這
沒有什麼
大不了的。

這是我整理的
符號，送你。

好的，
謝謝您。

隨時
來玩！

好的……

咦！

那孩子一瞬間
跑去哪裡了？

唰

對不起，老師，
我遲到了！

咦！
什麼？

什麼……？

？

那剛剛
那個孩子
是誰？

總之啊……

唰

道耳頓的原子說
錯的部分不少。

咬咬咬咬

但是意義
重大……

是啊。

道耳頓說原子
是不能再切割的粒子，
但科學家找出是由
更小的粒子集結成
原子這一事實。

質子

夸克

原子

原子核

再者，
他說相同元素的原子，
其大小、質量、性質相同，
而不同元素的原子
則是不同。

然而，就算是同一種原子，
也會有不同質量的原子，
我們稱為「同位素」。

氫的同位素

⊕ 質子
● 中子
● 電子

氫　　　氘*　　　氚*

*注：氘念為「ㄉㄠ」，氚念為「ㄔㄨㄢ」。

最後還說，化學反應時，
不會製造出原子、原子不會不見，
也不會變成其他種類的原子……

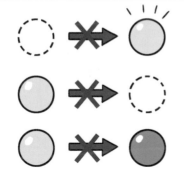

氚　　　氘

若產生核融合，
原子也會改變，
或是產生新的
原子！

中子

氦

能量

沒錯！

就像氫集結
會變成氦
對吧？

吹泡泡

哇嗚，
我們冬允好棒！

總之道耳頓
錯很多吔。

吹泡泡！

但是整理
原子說的功勞
值得讚賞，對吧

屋屋屋

錯了
錯了

因為有道耳頓的原子說，所以日後科學家可以發現更多原子的特性。

又發現新的了！

同時，原子的樣貌也越來越清楚！

吹泡泡

最終，成為催生「量子力學」的契機！

終於來到量子力學……

怎麼突然如此認真？

又來了！

破

第4章
酸酸甜甜的蜂蜜芥末醬拌飯？

哦哦哦哦

歐洲旅行中發生的事情……都是真的嗎？

笑的哲學家德謨克利特……

把水煮一百天的拉瓦節……

沸騰沸騰

到色盲的道耳頓……

哇哈哈，呼哈哈！

我為什麼可以不斷的穿梭時空呢？

安東萬……拉瓦節！

咻

是因為想遇見某人，所以才能見到嗎？

大家都不相信我說的，難道我一輩子都只能如此孤單……？

為什麼可以再次回到現實？

如果回不來的話，是不是就會被關在過去，只能在過去生活？

道耳，turn！

啊，不……不行！

哇啊

……

怎麼了？多允？

吼！

暈……暈機的樣子。

想吐的話，用這個。

啊？好的……

清潔袋

要帶點辛苦經歷才是旅行的滋味。

爸爸也試幾次時空旅行看看，就不會這樣說了⋯⋯

啊嗚，既然都來了，就順路去義大利威尼斯運河，或去看看建築、美術館也不錯。

啊⋯⋯喜歡義大利？

老婆，對不起，下一次一定會帶妳去義大利玩。

這回忘記了，下次一定會去。

老公，謝謝你。

媽！我快不能呼吸了，尊重一下我好⋯⋯

這次多虧有你，才能來玩。

啪噠

啪噠

咚

單身男

！

請問你要哪一種呢？有拌飯和牛排。

肚子餓

微笑

看看他，在食物面前完全現形。

嘿⋯⋯請給我拌飯。

72

我也要拌飯。

請給我牛排。

我要吃拌飯。

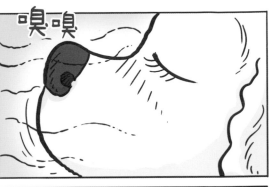

嗅嗅

這根本是刑求！為什麼我只能在行李區？這是侵害動物權！

凹嗚……

四元素說！

元素！

原子論！

嚼嚼

嚼

爸爸，原子和元素的差別是什麼？我不是很懂。

形成物質的基本單位是原子，原子的種類稱為元素。

嚼嚼

更不懂了……

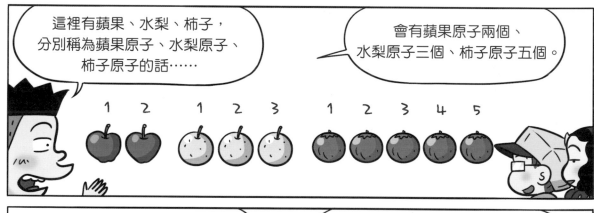
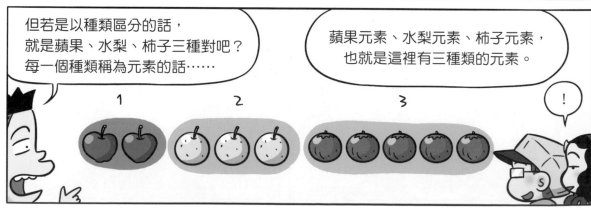

嗯……水是由氫原子與氧原子組成的，對吧？

是的。

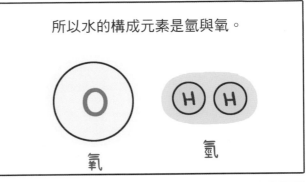

所以水的構成元素是氫與氧。

氧　　氫

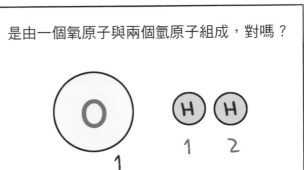

是由一個氧原子與兩個氫原子組成，對嗎？

1　　1　2

是的，理解正確！
那就是元素和原子的差異！
如此說來、這樣那樣……

擠壓

！

塞

嗯！這是什麼怪味道！

你不知道韓國料理全球化嗎？
這叫作蜂蜜芥末拌飯，我幫你混合好了。

只能放辣椒醬的說法是偏見，要丟棄偏見。

噁！

合在一起的味道真的很奇怪。

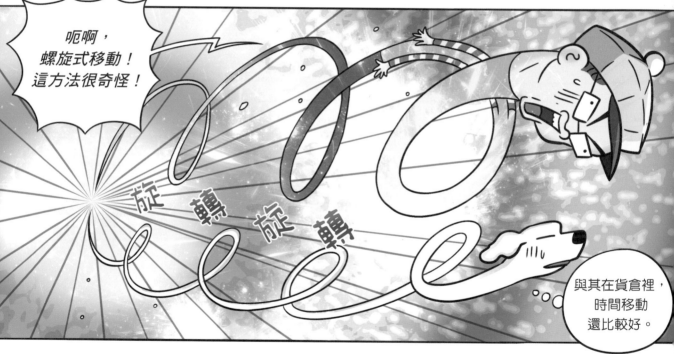

呃啊，螺旋式移動！這方法很奇怪！

旋轉旋轉

與其在貨倉裡，時間移動還比較好。

一八六九年，俄羅斯聖彼得堡大學

哈啊！經過幾次經驗後，算是有點適應了。

頭暈

眼花

我的房間本來就是這樣，打掃的話，反而會亂。

吼，這裡真的很亂。

現在我在做重要的夢，要很集中，不要妨礙我，出去！

揮趕揮趕

做……做夢？

夢中可以看到我非常想要製作的元素的表。

我的位置在哪邊？

排好隊！

整齊排列！

元素的表？

K Ca P B Ti F w N R O Pb

四年前，德國化學家凱庫勒老師也做了一個蛇咬尾巴的夢，才有重大的發現。

夢到蛇……不是胎夢嗎？

象徵會生下白白胖胖的女兒！

一定是夫人懷孕了……

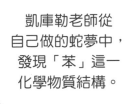

凱庫勒老師從自己做的蛇夢中，發現「苯」這一化學物質結構。

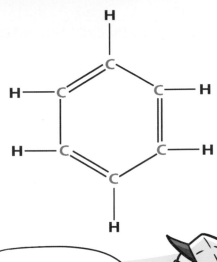

所以老師現在的胎夢……啊，不是，老師的夢也是夢到蛇嗎？

不，我說了我是看到元素的表！

振筆疾書

總之在我忘記夢中看到的東西之前，要快點弄好。

放這個，拿掉這個……

一段時間後

這個在上，這個在下……

完成了！

真的？

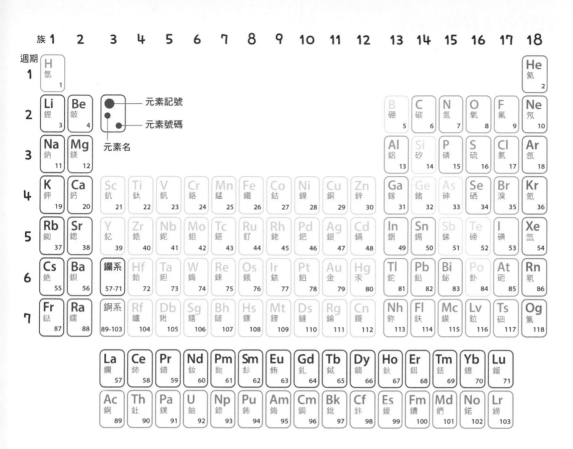

ОПЫТЪ СИСТЕМЫ ЭЛЕМЕНТОВЪ.

ОСНОВАННОЙ НА ИХЪ АТОМНОМЪ ВѢСѢ И ХИМИЧЕСКОМЪ СХОДСТВѢ.

```
                    Ti = 50   Zr = 90    ? = 180.
                    V = 51    Nb = 94    Ta = 182.
                    Cr = 52   Mo = 96    W = 186.
                    Mn = 55   Rh = 104,4 Pt = 197,4.
                    Fe = 56   Ru = 104,4 Ir = 198.
                  Ni = Co = 59 Pl = 106,6 Os = 199.
  H = 1             Cu = 63,4  Ag = 108  Hg = 200.
     Be = 9,4 Mg = 24 Zn = 65,2 Cd = 112
     B = 11   Al = 27,4 ? = 68  Ur = 116  Au = 197?
     C = 12   Si = 28  ? = 70   Sn = 118
     N = 14   P = 31   As = 75  Sb = 122  Bi = 210?
     O = 16   S = 32   Se = 79,4 Te = 128?
     F = 19   Cl = 35,6 Br = 80  I = 127
 Li = 7 Na = 23  K = 39  Rb = 85,4 Cs = 133  Tl = 204.
              Ca = 40  Sr = 87,6 Ba = 137  Pb = 207.
              ? = 45   Ce = 92
            ?Er = 56   La = 94
            ?Yt = 60   Di = 95
            ?In = 75,6 Th = 118?
```

Д. Менделѣевъ

舉例來說，紅框線內性質相似的鋰（Li）、鈉（Na）、鉀（K）、銣（Rb）、銫（Cs）會排成一列。

	Gruppe I. — R²O	Gruppe II. — RO	Gruppe III. — R²O³	Gruppe IV. RH⁴ RO²	Gruppe V. RH³ R²O⁵	Gruppe VI. RH² RO³	Gruppe VII. RH R²O⁷	Gruppe VIII. — RO⁴
1	H = 1							
2	Li = 7	Be = 9.4	B = 11	C = 12	N = 14	O = 16	F = 19	
3	Na = 23	Mg = 24	Al = 27.3	Si = 28	P = 31	S = 32	Cl = 35.5	
4	K = 39	Ca = 40	— = 44	Ti = 48	V = 51	Cr = 52	Mn = 55	Fe = 56 Co = 59 Ni = 59, Cu = 63.
5	(Cu = 63)	Zn = 65	— = 68	— = 72	As = 75	Se = 78	Br = 80	
6	Rb = 85	Sr = 87	?Yt = 88	Zr = 90	Nb = 94	Mo = 96	— = 100	Ru = 104, Rh = 104, Pd = 106, Ag = 108.
7	(Ag = 108)	Cd = 112	In = 113	Sn = 118	Sb = 122	Te = 125	J = 127	
8	Cs = 133	Ba = 137	?Di = 138	?Ce = 140	—			
9	(—)	—						
10	—	—	?Er = 178	?La = 180	Ta = 182	W = 184	—	Os = 195, Ir = 197, Pt = 198, Au = 199.
11	(Au = 199)	Hg = 200	Tl = 204	Pb = 207	Bi = 208			
12	—	—		Th = 231		U = 240		

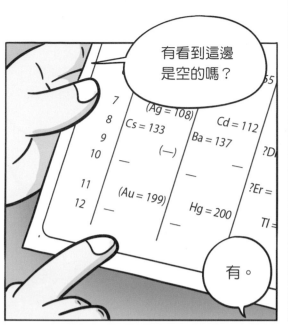

有看到這邊是空的嗎？

7	(Ag = 108)			55
8	Cs = 133	Cd = 112		
9		Ba = 137		?D
10	—	(—)		?Er =
11	(Au = 199)			
12		Hg = 200		Tl =

有。

這些位置是留給總有一天會發現的元素，我的後代一定可以填滿這些空格。

嗯……後代科學家就是看到門得列夫的週期表而預測、發現更多元素。

填滿吧 空格♪

孩子啊，你的夢想是什麼？ 世界最優秀清潔人員嗎？

什麼？不是！

我的夢想是要當個科學家！

握

皺起臉

齁齁！那現在不能這樣！還不快點去念書！

啊，在這裡也要念書！

遮

這個給你，是我寫的論文的複印本。

希望能幫到你。

83

唉唷，好癢。

抓 抓

呃，好髒。

我該走了，今天是一年一度的理髮日，不要動我的桌子！

一年一度？

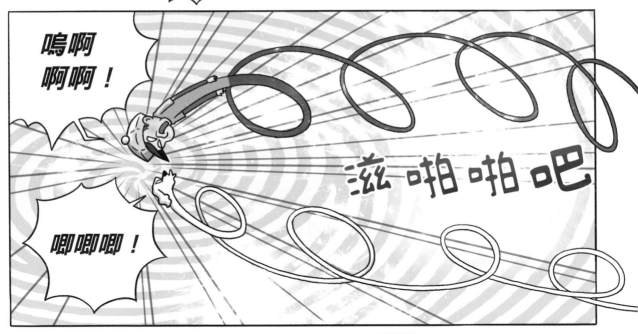

嗚啊啊啊！

滋啪啪吧

唧唧唧！

呼嘯

一八六九年，門得列夫做出元素週期表時，元素的數量僅有……

六十三個。

哇，
Good job!

我剛看完回來，
當然知道……

那現在有
幾個？

現在有
一百一十八個，
不知道何時、何處
還會發現新的元素。

呼嘯

哇！一百一十八個！
比門得列夫那時
多了快兩倍！

接下來是
幽默時間。

別鬧！

別鬧！

媽媽，媽媽，
要和我一起
「門得列（做）*」
週期表嗎？

Yap!

別鬧
了！

居然因為冷笑話
而如此開心……
什麼門得列
Yap……

嘎哈哈

拍

拍

＊注：這裡是韓文諧音的笑話，「門得列」的發音接近韓文「做」的
發音。

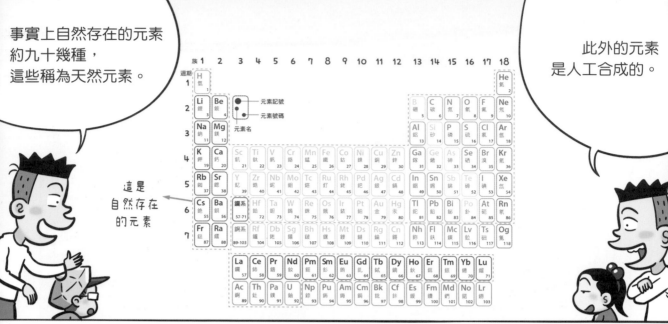

事實上自然存在的元素約九十幾種，這些稱為天然元素。

此外的元素是人工合成的。

這是自然存在的元素

門得列夫發表週期表時，人們的反應很冷淡。

表格中居然有空白，想像力也太豐富了吧？

只不過是個荒謬的人……

不，有一天一定會發現的！

果不其然，一八七五年發現了鎵。

31 Ga

一八七九年發現鈧。

21 Sc

一八八六年發現鍺。

32 Ge

這些元素的性質，一如門得列夫預測的。

現在相信我說的吧？

相信！

之後持續發現元素……

風吹呼嘯

直到發現第九十二號鈾為止。

更重要的是，透過門得列夫的週期表，我們開始找出了元素的特性。

喔喔，居然是這樣！

原來這物質由兩個元素組成！

這是日後原子結構研究的重要契機。

拉！

就像剝掉洋蔥外皮！

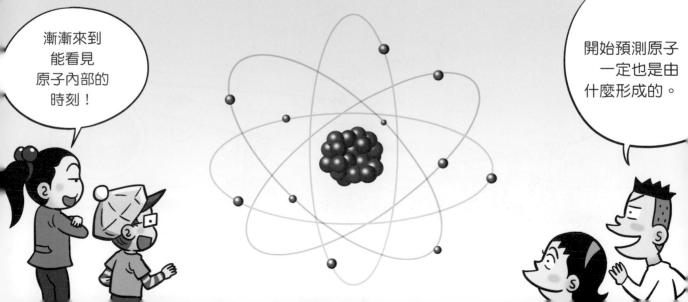

漸漸來到能看見原子內部的時刻！

開始預測原子一定也是由什麼形成的。

這一刻起，
科學家開始研究原子的性質與樣貌。

深信一定有可以說明
原子世界的自然法則……

不是這個
鑰匙……

我們都走到
這一步了！

原子的
祕密

一定要
找出來！

……

……

喔，眼睛痛。

眼睛
太用力了！

韓國，仁川機場

第5章
彩虹彼岸的她

這裡是舒川國立生態園的植物園，今天的現場體驗教學就在這邊。

喔，好棒！

太強了！

時間移動肯定有什麼關鍵要素，一定要找出來！

我是這邊的解說員，名字是生代。

生代？

這名字好好笑！

生代是名字的話，那姓什麼？

古生代

摸

哇嗚！古生代！

那中生代和新生代老師在哪裡？

哈哈，你們……真的很有幽默感……

這裡是熱帶館。

亮眼

哇！好有趣！

現在看到的魚是電……

啪啦

那個不是電鰻嗎？

沒錯，是電鰻。這隻魚是南美……

生活在南美亞馬遜，身長約2公尺！

會發出650～850伏特的電力！

可讓體積大的動物觸電。

是的，是的，我就是想說這個……

她又開始了……

認真想想……

一陣暈眩

每一次都是在吃東西的時候時空移動。

所以是
餐點的問題？

思考中——的人

可回來韓國之後，
平安的吃過
幾次飯啊？

我還再一碗

好唷！

古生代老師！
還有會
發電的魚嗎？

喔！很好！
這個提問
很棒！

當然有，
有電……

有電鱸和
電鰻！

閃過

吼，
嚇死人了！

電鱸在非洲，電鰻在韓國也有，
兩者都可以發出 400 伏特的電力。

我不是
問妳……

我說得
對嗎？

對……

好的，我們來看看窗外吧？

哇！居然能
看見傳說中的
東方白鸛！

閃亮亮～

呵呵！

哇，是彩虹！

嗚嗚！

？

啊！

用力

嗚啊

拉！

不會輕輕撕喔！很痛吔！

會痛就知道人要成熟點。

總之，
我剛剛不是吼妳，
是因為我
頭很痛的關係。

頭痛？
現在看起來
還好？

希望妳不要誤會。

因為看了彩虹，
覺得一切都
清爽了……

你……長得不像是
聰明的人。

嗯，我
有點……

彩虹是混合光線後
產生的美麗創造物……
光是藝術家。

喂！
我是長得怎樣！

另一方面

爽，果真家裡才棒！沒事幹嘛出門累得像隻狗。

啊，對了，我本來就是狗啊！

看看牠的表情，有時會覺得 Mix 根本以為自己是人。

喂！Mix！你又要睡？

嘿嘿！

搖搖

又，另一方面

咩咩～

其實雙層彩虹更棒，聽說許願都會成真不是嗎？

你居然會有這種迷信？

為什麼不？科學與迷信的結合，不是更美妙嗎？

宇宙就是所有事物的混合……

喔估嗚嗚嗚嗚嗚……

一陣暈眩

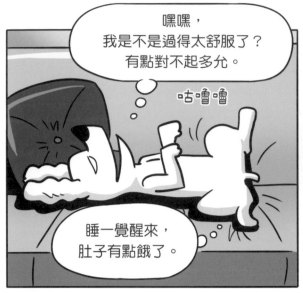

嘿嘿，
我是不是過得太舒服了？
有點對不起多允。

咕嚕嚕

睡一覺醒來，
肚子有點餓了。

一陣暈眩

滋啪 啊 啊 啊

哈囉，
哈囉！

汪汪！

對不起，
剛說的話取消！

一六七二年，
英國劍橋大學

寫寫

果真，
我的想法
是對的！

為什麼一直一個人喃喃自語？

嚇死寶寶了！

你⋯⋯你是誰？

等等⋯⋯書上常出現的臉？

啊，牛頓！

閃耀！

咚

萬有引力法則

我叫作鄭多允，因為聽說老師您很聰明，所以想要請教您⋯⋯

是嗎？不過我確實很聰明，你要問什麼？

那個⋯⋯那個⋯⋯啊，彩虹！

你運氣真好，我剛好在做光線的實驗。

哇！三稜鏡可以創造出彩虹？

是的，只要讓光線穿過三稜鏡，會出現各種顏色，這就是彩虹。

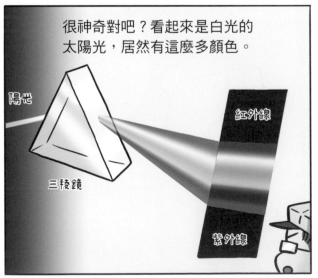

很神奇對吧？看起來是白光的太陽光，居然有這麼多顏色。

陽光

三稜鏡

紅外線

紫外線

這是說出現彩虹的天空也有三稜鏡嗎？

你說的合理。

根本不像話啊

肚子餓

空氣中的水滴就是三稜鏡。

該不會天空中的水滴也是長成這個樣子嗎？

這個發想不錯，但不是。

是光線遇到圓形水滴折射而產生的！

骨折？*
關節骨折的話，就慘啦！

不是骨頭，是光線折射！

啊！

* 注：韓文中的骨折和折射發音相似。

光線會穿透空氣中的水滴產生折射，折射程度會影響不同顏色的視覺角度。

光的折射

光的反射

水滴

紫色

紅色

紫色

紅色

啊好亮

光線分開後，會依據色彩排列，
稱為「光譜」。

紅色　橙色　黃色　綠色　藍色　靛色　紫色

可是燃燒氫、氦、鈉等
特定元素時，出現的光的分析光譜不是連續的，
而是斷斷續續的。

鈉
鋰
鍶
鋅

這稱為「線狀光譜」。

光線
斷斷續續出現的
緣故……

哇，光線裡面
居然有顏色。
我也太假了吧 ♥

肚子餓……

什麼啊，
這人是在
幹嘛？

！

咕
嚕
嚕

喂！你不要
破壞氣氛！

要生氣的人
是我……
我根本不想
來這邊！

呃
汪
汪

你以為你是什麼黃金地鼠嗎？

噠噠

這種事情略過就好了，這個牛頓也太小氣了吧！

梅西也會哭著跑走的敏捷度！

閃
閃
閃

喘喘！你家的狗動作太敏捷了，放棄……

阿敦　阿敦

能這樣想很好！

喘喘

做好快一年的餅乾……這樣也好，當作是幫忙處理壞掉的食物。

噗

Mix……

嗚哇

拍拍

所以才叫你不要吃。

如果我死了的話，記得讓牛骨棒和我一起埋葬……

吐得好……

呃，馬上就有反應了！

咕嚕嚕嚕嚕嚕嚕嚕

這個時候為什麼沒有時空移動咧！拜託回到吃餅乾之前吧！

波波波

沙沙

沙沙沙

天啊！

喔，總之我要繼續做實驗，沒有問題的話，我就先走啦……

啊，是……

一陣暈眩

喔喔！

要回到吃餅乾之前了嗎？

GO! GO!

咻一啊

回到家了嗎？

期待

應該是回到吃餅乾之前吧！

一八八五年，瑞士

你是誰？

那個，我有問題……

正色

肚子還是會痛，這裡不是吃餅乾前的時間……

咕嚕

剛剛見過牛頓老師後來的。

什麼剛剛？現在是一八八五年，你說剛剛和一六○○年代的人見面？

請把我送回之前……

咕嚕嚕

啊，原來如此！

啊，不是不是！是在書中看到的！

嗯，投入在閱讀之中的話，確實有種和作者本人見面的感覺……

我叫作約翰・巴耳末，是物理學家。

巴耳末老師您好，我是鄭多允。

咕嚕咕嚕咕嚕

我剛好在研究牛頓老師所說的光譜。

是剛剛牛頓說的光譜！

是的，我想問的就是這個，光譜！

在玻璃管內灌入氫氣，兩端接上電壓的話，就會產生光線。

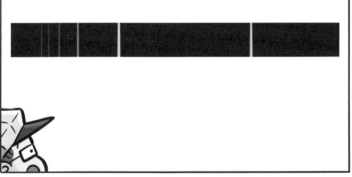

分開這些光線，就能得出線狀光譜。

這是氫氣接上電壓的結果，光譜就是從氫原子來的……

問題是，我就是不懂，為什麼會有斷斷續續的光譜呢？

一定是氫原子內部有什麼事情正在發生才會這樣！

德國物理學家
弗里德里希·帕邢
也和我做了相同的
研究，發現了
眼睛看不到的
紅外線也會
發光的現象。

好像有更近一步
的感覺。

？

你說什麼？

原子的
祕密。

沒錯，總有一天
會挖出原子裡面
的強大祕密，我確信
一定會有那麼一天！

滋

啪

我再也
忍不住了

囔

囔

囔

比起原子的祕密，
現在應該要先搞清楚
這個更強烈味道
的祕密……

沙沙沙

沙

因為那傢伙
讓我無法
集中研究……

放屁 屁 屁 屁 屁 屁

這是氫的線狀光譜，就用這個代替沒有回答的部分……

謝謝……

搭啊啊啊！

好臭！

這我無法控制！

滋 啪 啪 啪

放屁 放屁 放屁

這裡……應該是家裡了吧？

我人生最糟糕的時空移動……

吼！是誰……？

嘶

我的天啊！這裡不是家裡！居然時空移動了三次！

一起動動腦
弄清事情真面目！
方塊方塊邏輯！

❶ 有數字的那一行，依據數字填滿
同樣數量的空格。
行與列全數要完成，確認是空格
的部分可以先以 X 表示，會更快
完成。

❷ 數字有兩個以上時，中間至少要
空一格以上。

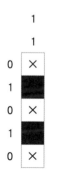

唉唷，
實在是太有趣了，
完全止不住
笑啊！

❸ 根據上述規則來解開下列問題！
只要出現愛心形狀，就是成功解題！

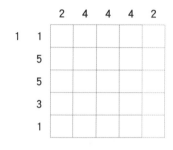

答案請見第 194 頁

第6章
心動春日的開始？

您、您是誰？

天啊！時空移動居然combo。

時空移動一次次升級……

一九〇六年，美國哈佛大學研究室

我是物理學家西奧多‧來曼教授。

不對，等等！要發問的應該是我啊。

你是誰？怎麼可以隨便闖進實驗中的研究室！

倒 啊

我叫鄭多允……
剛剛見了
巴耳末老師……

什麼？
巴耳末老師？

喂！

他已經去世多年，
你為什麼要說謊！
你是要來偷東西的
小偷吧！

指

不，不是，
不是這樣的，
我剛剛是去了
巴耳末老師
的墓地……

多允的詭辯也
逐漸升級……

我是真的很尊敬
巴耳末老師！

喔，是嗎？
你也是嗎？

我也是，
我剛好再次研究
老師研究過的氫原子光譜。

啊，是的……

齁齁，原來現在研究
原子的科學家也能獲得敬重了，
居然還會找上我！

對對！
就是那個！

喔喔，
這次是自己
被騙過去
的。

那麼……
是不是發現了
線狀光譜的重大
事項呢？

這個嘛……

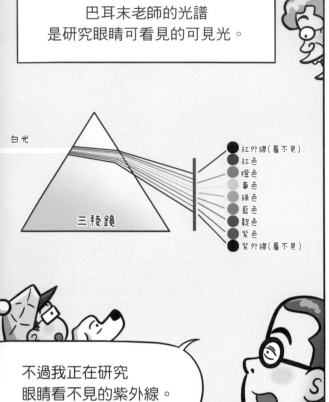

巴耳末老師的光譜
是研究眼睛可看見的可見光。

白光

三稜鏡

紅外線（看不見）
紅色
橙色
黃色
綠色
藍色
靛色
紫色
紫外線（看不見）

不過我正在研究
眼睛看不見的紫外線。

德國物理學家
帕邢在研究紅外線時，
好像也有發現
這個特別現象？

天啊，
連這個都知道，
你是天才？

有點……

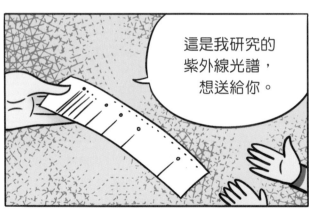

這是我研究的
紫外線光譜，
想送給你。

吼，完全
看不懂。

以你的實力，
長大後一定會懂。

希望你
看懂的那一天
快點來臨。

一陣暈眩

哪刷

今天的體驗教學
到此為止。
回家小心。

謝謝您，
古生代老師，
再見！

可見光、
紅外線、紫外線、
紅橙黃、綠藍靛、
彩虹彩虹……

什麼？
你是在背
菜單嗎？

你是真的相信
那些迷信？看起來
很聰明啊……

不是，不是這樣的，
我只是有點精神不濟！

我最不喜歡你
這種人！

沙 沙

喂，
我說是誤會，
我討厭被誤會！

哼！

喂喂！等等我！
我就說是誤會，誤會！
妳這是怎樣，
也走太快了吧！

噠噠

噠噠

噗嚕嚕

唧
唧

貪睡鬼
一隻……

115

現在是
特別活動時間！
大家都到齊了嗎？
沒到的人舉手！

實驗室

沒來的人
要怎麼
舉手啊？

握

我！

我還沒到！

遲到！
居然第一天就遲到！
快坐好！

哇哈哈！
真的有沒到的人
舉手吔！

啊，我的
鉛筆

滾滾滾

咚

你這傢伙，
還不給我
停下來！

滾滾滾

呃……

哇哈哈哈

咚

！

！

妳也是科學實驗班的？

你也是？

什麼啊！怎麼一副踩到大便的表情！

……

妳以為只有妳這樣嗎？我也覺得妳不怎樣！

正色

顆顆

自以為是，是以為自己多厲害。

根本就是在自娛娛人！

吐氣

你現在在幹嘛啊？

吼！

那個……

……

唰

哈瓦拉嚓發！

嘎嘎嘎

同學們好！
我是古典力學研究所的
研究人員，這一學期的
科學實驗班是特別課程形式，
由我來負責授課。

古典力學？

我們要先做什麼？

哇！

老師好！

今天是第一堂課，
我們來玩猜謎遊戲。
第一名可以
獲得一份辣炒年糕！

準備好了！
請快點出題！

很好，
我要拿到
第一名，
讓那個女的
知道我的厲害！

至少
要贏那個
笨蛋！

今天
猜謎的主題
就是電路組裝！

寫寫

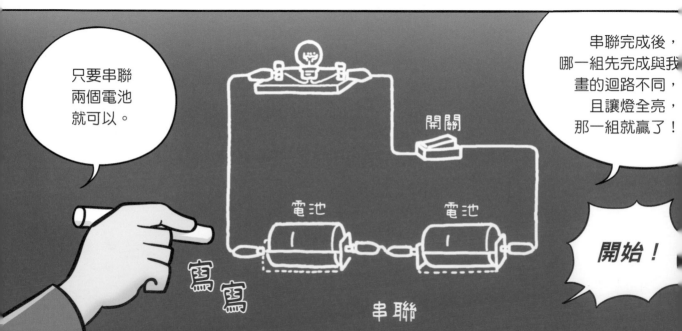

只要串聯
兩個電池
就可以。

串聯完成後，
哪一組先完成與我
畫的迴路不同，
且讓燈全亮，
那一組就贏了！

開關

電池

電池

寫寫

串聯

開始！

這個這邊，那個那邊！

在喊出開始的一瞬間，第三組率先開始動作！

喔，居然！第二組後來居上！

啊，在這一瞬間第四組領先了！

老師可以安靜一點嗎…

老師是把電池並排連結……我們是把開關放在兩個電池之間就沒問題了！

啪

啪

第一組完成！

第二組完成！

真是驚人的結果啊！
第一、二組同時完成！
好像需要更精準的測量才行！

?

喔喔，居然！
毫無誤差的同時完成！

呼呼呼！

嗯，一人分飾兩角？

兩組都接得很好！

第一個問題，第一組與第二組並列第一名！

哇

哇

切

哼

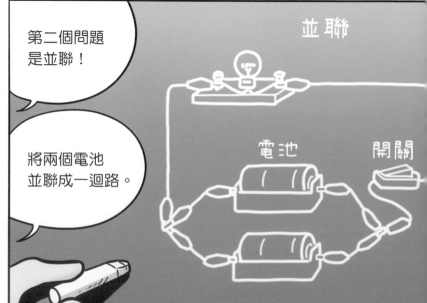

第二個問題是並聯！

將兩個電池並聯成一迴路。

並聯

電池

開關

這一次要和老師的連結方式不一樣！開始！

這很簡單！將電池一側的夾子，放在燈泡與開關中間！

嘰

嘰

喔！

第一組完成！

哇，漂亮！這次是第一組單獨獲得第一名！

居然！電路他竟然知道得更多？

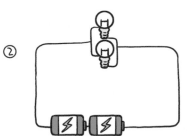

來！第三題！這幾個迴路中，燈泡最亮的是哪一個？

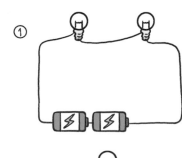

① ② ③

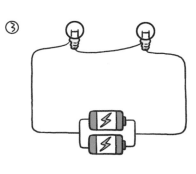

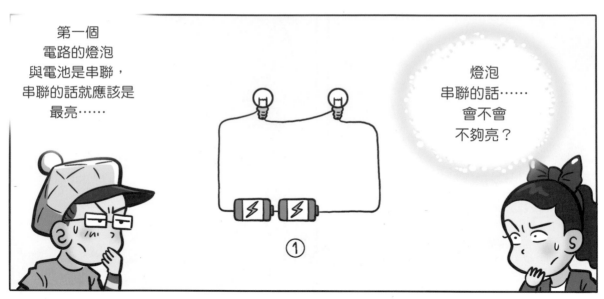

第一個
電路的燈泡
與電池是串聯，
串聯的話就應該是
最亮……

燈泡
串聯的話……
會不會
不夠亮？

①

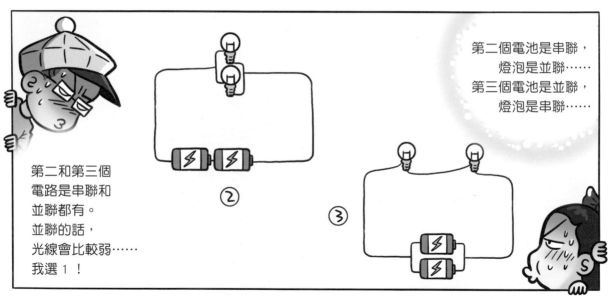

第二個電池是串聯，
燈泡是並聯……
第三個電池是並聯，
燈泡是串聯……

第二和第三個
電路是串聯和
並聯都有。
並聯的話，
光線會比較弱……
我選1！

②

③

所以燈泡以
並聯方式連結的
那個電路最亮！
與只有一個燈泡一樣！

大家都想好了嗎？
正確答案是？

第一組
選 1！

第三組
也選 1！

第四組
一開始就
選 1！

那麼，第二組呢？

咬耳朵

咬耳朵

選 2 號！

認真

我們就
直接來
確認看看
正確答案？

這個
放這裡，

那個
放這邊
……

組裝

組裝

天啊，
答案居然
是 2！

①

③

耀

眼

②

第二組很棒！
正確答案是 2，
在電池串聯、
燈泡並聯的情況下
最亮！

今天的電路大賽，
第一組與第二組
並列第一名！

哇哇！
可以吃
辣炒年糕了！
鄭多允太棒了！

都是託我的福，
知道嗎？

金敏瑞，
又來了……

啊呵 啊呵

名字叫敏瑞？

辣炒年糕
辣炒年糕

啊

叫鄭多允……
是吧？

紫菜
飯卷！

披薩！

炸雞

吃到飽！

你們是怎樣？
我只有說
辣炒年糕！

總而言之，
電極真的
很神奇。

(+) 與 (-) 相遇
通常是 0，
兩相結合後，
居然能
產生電……

這就是
宇宙的法則嗎？
+ 與 -
男與女……

呃啊！

一陣暈眩

我這又是怎麼了！

讓我休息一下，可以嗎？

一九〇四年，英國劍橋大學卡文迪西實驗室

你是什麼人？為什麼出現在我的研究室？

啊⋯⋯就是⋯⋯我剛在學電路⋯⋯然後⋯⋯

電路？啊！所以你是來找我，找約瑟夫‧湯姆森研究室的！對吧？

啊，對⋯⋯沒錯，就是這樣。

咦！這設備是？

這是克魯克斯管。

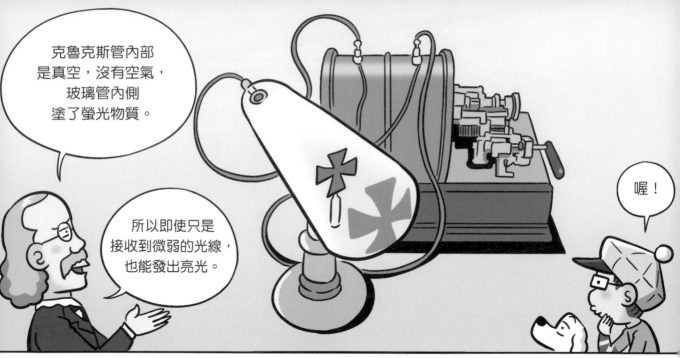

克魯克斯管內部是真空，沒有空氣，玻璃管內側塗了螢光物質。

所以即使只是接收到微弱的光線，也能發出亮光。

喔！

燈關了，現在如何？

喔喔，螢光中出現十字形狀！

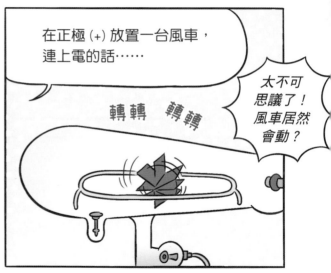

在正極（＋）放置一台風車，連上電的話……

轉轉　轉轉

太不可思議了！風車居然會動？

真空的話，就不可能有風，這是怎麼回事？

這就是科學的力量啊

不僅如此，玻璃管外像這樣放上磁鐵後，就會看到從負極（－）出來的光線會折射。

這，這不是克魯克斯管，這是瘋狂管！

這就代表負極出現了什麼，可以製造光，而且讓風車運轉。

轉轉 轉轉

是出現了什麼嗎？該不會是……

電子？

碰

哈哈，太棒了!!

指 指

幼稚雙人組……

我也在想負極產生的，會不會是電子。

那麼，負極這邊的負極板持續出現電子的話，這個板就可能漸漸變小……

這猜測應該沒錯，但金屬板的大小完全沒有改變。

肯定是有什麼東西跑出來，但板子大小不變，也就是說電子絕對是極小的物質！

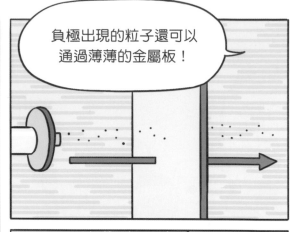

負極出現的粒子還可以通過薄薄的金屬板！

喔喔，可以走在雨縫之間！

正確來說，是走在原子之間！

在那之後，我想了一下原子的樣貌。

我放去哪邊了呢？

?

找到了！就像是這樣……

嘶

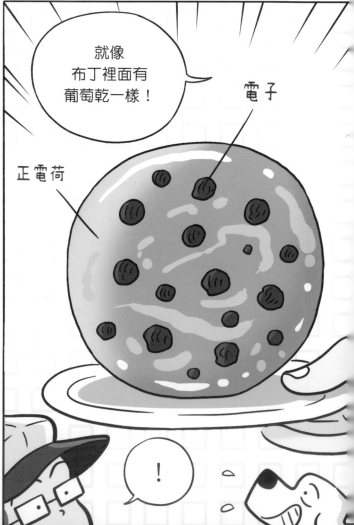

就像布丁裡面有葡萄乾一樣！

電子

正電荷

！

驚訝

欸！

嚼嚼

喂！Mix!
你這樣
很失禮吔！

Mix……？
是這隻狗的
名字？

拖拖

是的，是混合的意思，
就像原子中混合
有帶正電的正電荷，
與帶負電的負電荷一樣。

也帶有
雜種犬的意思，
混種犬……

啊！

等等……Mix！
該不會 Mix 才是
時空移動的主因？
畢竟一直
跟著我跑……

總之，
這原子的架構
相當具有意義！

意……意義？

在道耳頓老師之後
一百年的今天，
我終於找出
原子的樣貌！

嗯哈哈

這話不是要
別人說才對嗎？
居然自己說……

原來這個時代就知道原子內部還有更小的粒子啊！

那就是電子！

嚼

葡萄乾！

這是克魯克斯管模型，送給你當禮物，你可以帶走。

哇，太好了！

謝謝您！

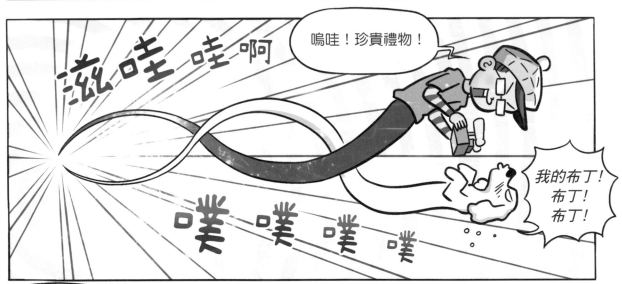

滋哇哇啊

嗚哇！珍貴禮物！

我的布丁！布丁！布丁！

噗噗噗噗

電的流動就是電子的移動。

正極與負極連接在一起，就會讓電子往相同的方向流動。

唰

第7章
畫作中的心思

不要這個，也不要那個，不要、不要……

轉筆 轉筆

轉筆

靈魂出竅的表情……

呆滯。

為了迎接四月科學月，我們會舉辦多項活動！

指

要在這當中擇一，所以要先想好！

科學閱讀心得
科學探索報告
科學發明
科學漫畫
科學想像畫

登登登

科學閱讀心得
是寫作……

一看書就會睡著，
只能寫「夢」的心得……

一定會
這樣。

呀呀！

那麼……
科學探索報告
也是寫作？

在公司只寫報告的老爸
最討厭的詞彙。

光看到
「報告」兩個字
就覺得煩！

爸，這齣劇
壞人恩將仇報，
告了好多人。

吼！

「科學發明」
這項，因為有
去年的惡夢，
所以不要……

一個不小心，
就可能會
闖大禍。

滋啪

滋

抖

抖

要不然，試試看科學漫畫！

啊！！

洪畫家

我⋯⋯我不會畫漫畫⋯⋯

不，這很簡單，怎麼不會呢？誰都會畫漫畫，就這樣，嗯？

這樣！嗯？這樣！嗯？

揮揮

只是要戲弄我的話，快點滾出漫畫格！

真的好壞

嘿嘿

很簡單～吧？

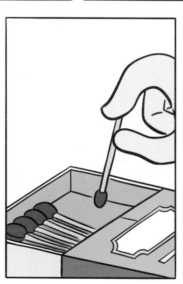

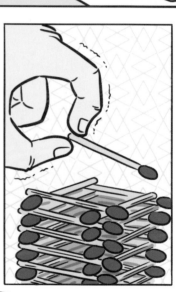

現在只要放上最後一根火柴⋯⋯

抖抖抖

50 公分的火柴堆就成功了⋯⋯

緊張緊張緊張

呃啊啊啊！

優雅的琴聲！

嗶啦啦

碰

多……
多允！

噠
噠
噠

發生
什麼事？

碰

這次科學月的活動，
我不知道要參加
哪一個……

咕嚕
咕嚕

憤怒

你這孩子！
就為了這種
芝麻小事嚇死
全家人嗎？

總之就
是一個
怪人……

……

我決定
啦！

嚇死我
啦！

好，
很好！

再一根，
就完成了！

我決定
要參加科學
想像畫！

是是，真是
偉大的決定。

鄭多允！
拜託你降低
你的音量！

指

爸爸，媽媽，
我有件事情
想要拜託你們。

什……
什麼？

我這一次活動
選擇科學想像畫的事，
請一定要幫我保密。

有個我討厭的人，
我不想要她知道，
所以一定要
幫我保守祕密，
好不好？

你自己不說
就永遠是祕密了，
不是嗎？

這孩子是
什麼心態？

父親，拜託！
請一定要幫我
保守祕密！

好好，
我幫你保守祕密。

是我生了
奇怪的
孩子……

父親，
謝謝您！

哇哇

什麼都說
是祕密。

……

所以，是選
那個是吧？

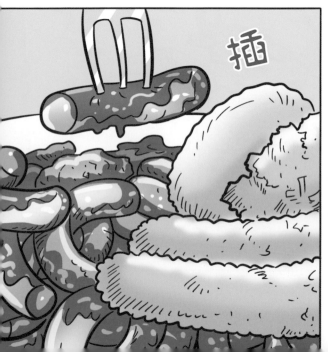

插

小吃店

真的是要參加
科學想像畫大賽嗎？

嚼嚼

就說
是真的！

137

可以吃血腸嗎？
阿姨，這裡要追加
一人份血腸！

還要吃？

喔喔，阿姨！
Thank you very 感謝！

真是還好
有讓冬允
做內應。

很好！
那我也要參加
科學想像畫。

鄭多允！
這一回我一定要
贏你！

嚼 嚼
嚼

阿姨，這裡
還要追加一人份
甜不辣！

現在科學想像畫
大賽正式開始！
請盡速進入
大會會場！

天神啊，
請賜給我滿滿的
想像力！

噠
噠

好的，好的，
也請賜予
每回都遲到的
多允
有力的腳程。

欸啊啊啊啊！

她是怎麼知道跟來的？

喧鬧

……

吵雜

啊啊啊！運氣真的很差！

真的是要瘋了，就連位置也只剩那人旁邊！

悄悄的
悄悄的

斜瞄

驚嚇

唉呀呀呀呀呀！你怎麼會在這邊？該不會是跟著我打轉吧？

唉呀？×6

這是我要說的吧！

現在發畫紙下去，請在兩個小時內盡情發揮你們的想像力！

科學想像

你要畫什麼？

妳先說，我再跟妳說！

是祕密！

哼，那麼我的也是祕密！

居然在玩啊！你們是情侶嗎？

你也來了？

吼

Mix!
Mix!

吃點心了，是地瓜和雞肉。

怎麼回事？都是我最喜歡吃的！

看你最近很沒有活力，所以特別準備的。

噠噠噠

妳喜歡動植物，就將兩者合起來想像就可以了。

……

名稱就是植物動物雜燴湯……

我要開動啦！

口水

汪！

汪

滋哇哇啊

哈哈哈！還真是感謝啊！真的很會選時間！哈哈哈！

口水滴下來了啦！

一九一一年，英國劍橋大學卡文迪西實驗室

喔，來啦？

是三明治外送吧，請放在那邊桌上。

這……這是哪裡？

轉身

什麼哪裡！
卡文迪西實驗室，
也就是我，
拉塞福教授的研究室！
連這都不知道
怎麼送外送？

卡文迪西……
我以前也有
來過……

喔！

布丁……
好好吃！

是啊，湯姆森博士
也非常喜歡三明治。

我不是
三明治外送員……

好想吃三明治

可是室內
為什麼這麼暗？

因為我正在做
重要的實驗。

嚇死人了！

你……你說和
湯姆森博士見過面？
是「那位」
的話……

像布丁的
原子模型……

喔,看來
是真的。

真的
好好吃……

我現在做的實驗,
就是要驗證
湯姆森博士的
布丁原子模型
是對還是錯!

那位對
自己的模型
相當有
信心……

眼神亮

呃

科學家就是連睡覺
都要不斷帶著疑問,
反覆確認才可以!

真的是
布丁?
真的嗎?

啊

到底是
想要做
什麼實驗……

就是這個!

登

一八九八年，
法國的瑪麗·居禮，
最先發現放射性元素「鐳」。

鐳會產生放射線。

在此我就稱它
α（Alpha）射線。

裡面放鐳

將這個
α 射線（α 粒子）
射向其他原子，

金箔。

確認看看會出現
什麼現象的實驗。

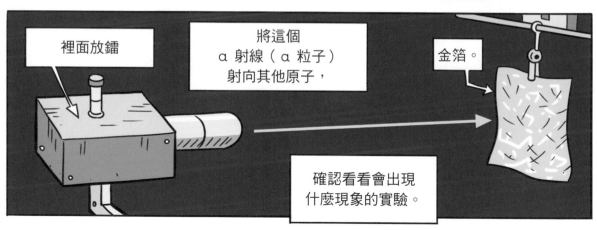

如果湯姆森博士是對的，
α 粒子就會全數通過布丁狀的原子！

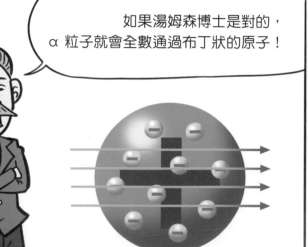

好殘忍！
居然對布丁發射
α 粒子機關槍！

哈哈
這很好
玩啊……

請連
我的份
一起
活下去…

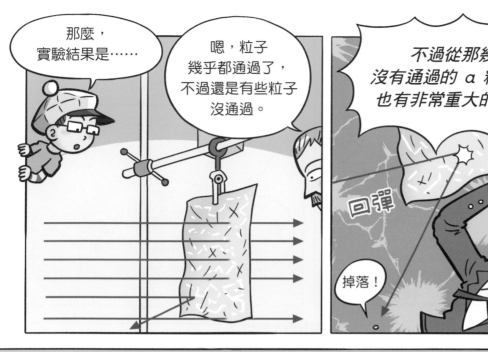

大部分的 α 粒子，都能直接通過。

不過八千個粒子中，會有一個粒子回彈掉落。

真空箱

金箔

α 粒子發射設備

粒子會回彈，
是證明原子裡面
有什麼堅硬物嗎？

揮

痛

喂！你這個
石頭腦袋！

不是石頭腦袋，是因為
有帶正電、結實的團塊的關係，
所以會推開同為帶正電的 α 粒子。

撞

我們
互相吸引……
嗯嗚！

我討厭
正電！

那麼……是說湯姆森的
布丁模型是錯的嗎？

就是這樣！

碰一倒

那麼撞上的
那個硬硬的
石頭腦袋……
團塊？

叩

叩

那個是
原子核！

威風凜然！

這個實驗明確證實湯姆森的布丁模型是錯的。

也讓我完成了新原子模型。

也就是說，射向金箔的 α 粒子中，有八千個直接通過……

原子核

啊！

有一個會與原子核產生碰撞而回彈。

原子中心凝聚了帶有正電的正電荷，形成沉重的核，其周遭則是帶有負電的輕電子圍繞。

這個很像以太陽為中心，行星繞著轉的樣子吧？

原來我們知道的原子模型，是拉塞福做的。

咬耳朵 咬耳朵 咬耳朵

我還是喜歡布丁

這個給你，能和你聊天很開心。

謝謝您。

不過，三明治放在哪裡啊？

我說了，我不是外送三明治的人，剛剛不是向您說明了嗎？

如果有，我早就吃掉了……

轉身

你說什麼？我是完全不耐餓的人！

吼

快點交出我的三明治！

也要有才能給您啊！我就沒有！

噠噠噠

我是原子核

周邊有電子圍繞打轉

一陣暈眩

科學家們真的聰明，但另一方面又傻乎乎的！

啊 啊 啊 啊

呀呼，這下終於可以吃到點心了！

安——靜

畫畫聲

我一定要展現我的想像力！

唰

很好，那我就畫這個！

！

咻咻！咻！

這不是嘴裡發出的聲音喔……

……

唷呼，完成了，這真的是……是張圖畫啊，還是個屁啊……

?

喔喔喔！

……

我們要不要給對方看自己的想像畫？笑的人要處罰！

你看，這是我畫的，是動物與植物合體的「Plantimal」！*

嘰

哇！好會畫！

Plantimal

唉唉唉！好吧，就這樣吧，反正我的畫畫實力就是爛，就放棄吧，也不在乎什麼自尊了……

YES!

*注：「plantimal」結合「plant」植物，和「animal」動物，是敏瑞自創的字。

我……我……

……

呃！

幹嘛這種表情？快給我看！

搶

噗！

喂！不是說笑的人要處罰！

咦，等等！

這個……
這個原子模型
根本就是太陽系啊！
太了不起了！

表情感覺變嚴重了，
好吧，畫得不好，
很抱歉……
乾脆直接
笑出來……

這個點子
很棒吧！

空

水星

土星　地球

太陽

金星

好暈，
嘿嘿！

天王星

海王星

火星

木星

空

第**8**章
原子核愛的公式

終於！今年的科學想像畫大賽的得獎者已經決定了！

我雖然畫得不好，但是點子不錯，如果運氣好的話，我……

雖然是多允給我的意見，但我畫畫的實力不錯，應該有機會！

好的，這回的科學想像畫大賽的優勝者是……

吵死了！

緊張，緊張！

五年級
宇宙班的
金敏瑞！

我？
真的⋯⋯是我？

吼！

YES!

太不
像話了！

喔耶，
呼⋯⋯吃吃！

怎麼會是敏瑞！
太不像話了啦，
老師！

哪裡
不像話。

這是
五位老師
一致的決定。

再怎麼說
都很怪，
動物居然
長出葉子手臂！
會不會
太幼稚了啊！

鄭多允，停止！
幼稚的是你。

就是
說啊。

接受
勝負結果的
人最帥。

嘖嘖

妳⋯⋯
應該記得這個點子
是我給妳的吧？

嗯，是很謝謝你，
不過讓這個點子持續發酵，
變成圖畫的人，是我唷！

還有，你說這畫很幼稚的話，不也承認了自己的點子很幼稚？

....

字字句句都屬實。

無話可說

這就是有實力的證據囉。

啊啊！我為什麼要把大獎拱手讓人啊！

坐享其成？

就是那個！

摸

轉

勝敗不重要，有沒有盡力才重要。

因為競爭不是和他人，而是和自己競爭。

敏瑞，
恭喜妳！

鏘

鏘
鏘

噠
噠

噢氣　　噢氣

是說我的
奇點子，
還不如敏瑞的
畫畫實力……

也是，
畢竟是「畫畫大會」，
沒道理選一個
蹩腳的畫作。

畫畫
本來就不難！
為什麼要說
難呢？

唰
畫
畫

喂，克制點！
為什麼一直畫出
傷人的漫畫？

另一方面，
敏瑞畫得真的很棒，
果真還是有實力
差距……

？

震動 震動

啊，是的，是的，編輯大人，是的，截稿嗎？哈哈，好，就快要完成了。哈哈！

很會畫畫，但被截稿日追逐的樣子好可憐……

不過，你現在是在哭嗎？

講什麼啊！我現在很幸福，哈哈！

呵呵 畫

呵呵 畫

是的，是的，都完成了！

畫畫畫得好，也不代表就是幸福……

但我還是想要成為很會畫畫的人。

爸爸和媽媽的畫畫實力有點糟糕……

……

接下來……飛機是這樣畫的。

唰 唰

一九一三年，
丹麥哥本哈根大學

呀嗚～

哇嗚哇……
哇嗚哇！

你，迪士尼
著作權
很嚴格的……

我的研究室
為什麼有
狗在吠？

！

呃　捏緊！

是迷路了嗎？
這裡不是小孩子
上學的地方，
這裡是大學。
要帶你去學校嗎？

啊……
我不是要
去學校。

那為什麼
來這裡？

學校舉辦了科學想像畫比賽，我畫了拉塞福老師的原子模型，可是可能是我蹩腳的畫畫能力，所以不讓我得獎。

那個～有點不對勁！

什麼？ 說什麼？
科學想……像畫？
蹩腳畫畫？

不是，你還那麼小，卻知道拉塞福老師畫出原子模型？

是的！

但不管怎麼看，我的點子是最棒的！

不要再說了！

喔喔喔，出現了一個比愛因斯坦厲害的孩子了！

舉辦那種比賽的學校也很了不起！

咦，所以拉塞福老師是大叔的老師嗎？

我們老師聽到這話肯定會很開心的。

呵呵，成為科學家真是太棒了！

所以是因為心情不好才找上我的嗎？

說「是」！

是，呃……算是吧……

敲

嗯，雖然只和你簡單聊了一下，但覺得我們好像有共通點。

都很帥？

自戀是個人自由……

那不是只有我才適用的話嗎……

閃亮帥氣

啊，是是……

就像你在科學想像畫比賽中帶有不滿情緒一樣，

現在我也不太滿意拉塞福老師的原子模型。

?

喔喔喔，挑戰老師的學生登場啦！

不是挑戰，是懷疑，這是科學必備要件。

哈

哈

你居然背叛我！

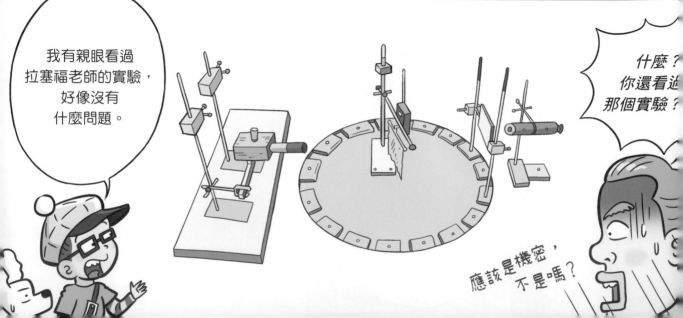

我有親眼看過拉塞福老師的實驗，好像沒有什麼問題。

什麼？你還看過那個實驗？

應該是機密，不是嗎？

通過金箔的八千個
α 粒子中，
有一個回彈……

覺得
不安……

你到底是誰？

拉起

看吧，
我就說。

我……我是
很尊敬
拉塞福老師的……

這下不關
我的事

嘻

是吧！
他真的
很了不起，對吧？
我也是這樣想！

轉身

鬆口氣

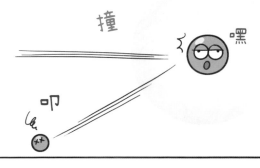

可以想到 α 粒子會回彈的話，
原子中心必有一個堅硬的核！
很帥對吧？

撞

嘿

叩

所以拉塞福老師的原子模型長這樣……

沒錯！老師就是這樣主張的。

石頭腦袋原子核？

若是這樣的話，我問你一件事情。

?

原子模型的電子是正電荷，還是負電荷？

那個啊，帶有負電荷的性質。

那原子核呢？

正電荷！

根據電磁理論，帶有電荷的粒子不停圍繞時，會產生電磁波，因此粒子能量降低，結果會如何呢？

電磁波

電子被原子核吸引？

就如同男女關係……

沒錯，就是這樣。

失去能量的電子，會減緩速度，最後被原子核吸引。

原子核

這樣！

抓

吼！

！

那麼，電子和原子核會如何呢？

電子

為什麼要這樣對我……

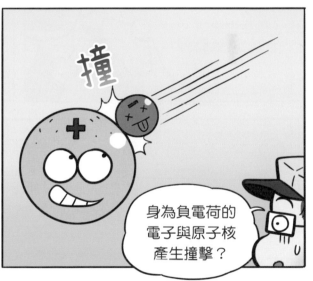

撞

身為負電荷的電子與原子核產生撞擊？

是啊……那樣才正常吧？

迷眼

好可怕，為什麼是那種表情……

轉身

但是，為什麼？

吼！

該不會
是……

該不會
是……？

拉塞福老師
原子模型中的電子，
為什麼不會和
原子核產生撞擊，
就只在周圍打轉呢？

電子暗戀
原子核嗎？

在周圍
打轉

我喜歡他，
怎麼辦？

不知道

不知道

抽吸

那是人類
才會出現的情況，
在微觀世界裡，
一定還有
別的原因！

啊……！

看著巴耳末老師
的氫原子光譜，
可以看到間隔出現
的線狀光譜吧。

鈉	
鋰	
鍶	
鋅	

就是這個！

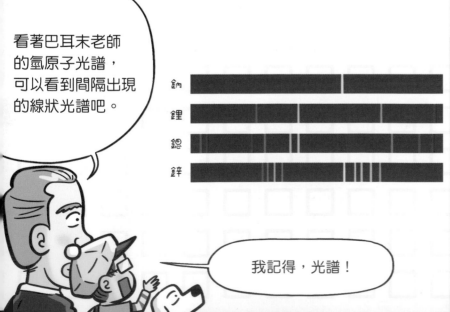

我記得，光譜！

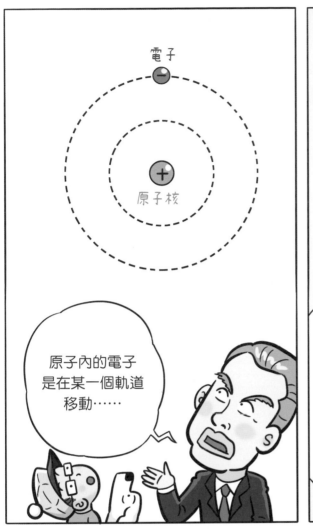

電子

原子核

原子內的電子是在某一個軌道移動……

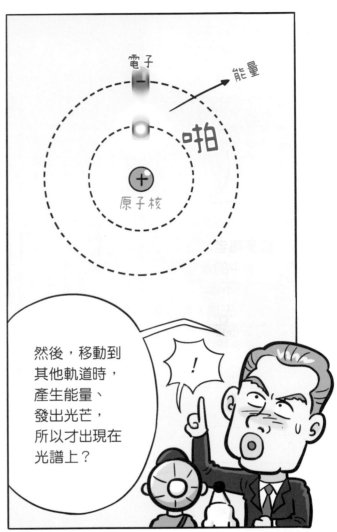

電子

能量

原子核

啪

然後，移動到其他軌道時，產生能量、發出光芒，所以才出現在光譜上？

！

那……那是說，一個電子會在多個軌道上？

對。

就像人生道路也不會只有一條

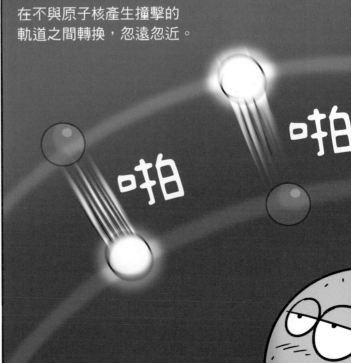

在不與原子核產生撞擊的軌道之間轉換，忽遠忽近。

啪

啪

每個原子的
軌道數量不同，

依據軌道的
數量，
會有不同的
電子數。

所以電子數不同，
原子的種類
也就不同！

原子核

電子

喔，原子核
看來是個暖男。
許多電子
都圍繞在這個暖男周圍
暗戀他……

真羨慕……

呀

呀呀

呵呵

呵呵

尖叫

不，也可能
是個暖女？

哈哈

哇

哇

哈哈

不要再沉溺於
暗戀滋味了！

所以大叔您是看到
氫原子線狀光譜，才想
到電子軌道的樣貌。

沒錯。

認真想想，
我還沒自我介紹，
我是尼爾斯·波耳。
和你聊得很開心，
給你我做的原子模型。

謝謝您。

還有，
我想把你
介紹給愛
因斯坦老師……

一陣暈眩

咻啊啊啊啊

轉換軌道的
電子……

Let it go!
Let it go!

要往有點心的
地方去囉！

湯姆森老師
布丁模樣的原子模型。

拉塞福老師說的電子會在
原子核周圍依循一定軌道
打轉⋯⋯

原子核

電子

尼爾斯・波耳大叔
認為電子會
轉換軌道，
在原子核周圍
打轉⋯⋯

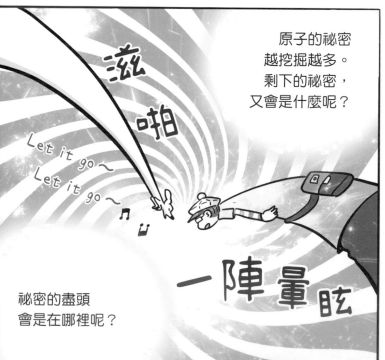
滋
啪
Let it go～
Let it go～
一陣暈眩

原子的祕密
越挖掘越多。
剩下的祕密，
又會是什麼呢？

祕密的盡頭
會是在哪裡呢？

隔天
早晨

噠噠

噠
噠

喲。

喲？

……

……

現在……
是要去學校嗎？

嗯。

鑪————————————址

噠噠

噠噠

敏瑞，我又想了一下……

好啦，你還是覺得我不應該拿到優勝，對吧？因為那是你的點子！

好像是我錯了，妳確實值得拿獎……

！

天啊，發生了什麼事？看來是有誰給你忠告了，是吧？

吼，怎麼知道的！

嘓

嘓

這人是怎麼回事？

哈哈，總之，我的畫一開始就畫得很不明確。

什……什麼？

我應該要畫波耳的原子模型才對，那個才是更正確的原子模型。

波耳的原子模型？那是……什麼？

也就是說，那個……
就像是暗戀
暖男的暖女……

什……什麼？
這麼突然！

吼，
不是那樣！

原子模型講到一半，
講什麼暗戀故事？
很唐突吔！

不，不是這樣的……
我只是舉例說妳喜歡我，
所以不斷在我周遭
徘徊……

什麼？
我喜歡你？

啊啊！
我現在到底是
在說什麼啊！

什麼啊你！
暖男又是什麼？

鄭多允，
你真的很好笑！

我就說
是原子核和電子的
故事……

這是什麼
無法挽回的
局面……

第9章
與牛頓一起度過的假日

汪 汪 汪 汪啦啦 汪

給我飯！

打呼～

打呼～

懶也不能懶成這樣。

樹懶都比你們好！

跑跳

一一片一寂一靜

也太過分了……

哼哼嗚！嗚嗚……

媽媽，我餓了，給我飯！

去跟爸爸要！

吼！

爸爸，給我飯，我要吃飯！

哼啊啊……呼呼！

訊息來了！

今天是妳負責 Mix，還不快起床弄飯給牠吃！

盼望

呃！

知道了，
我說我知道了！

倒

滾滾滾

？

滾滾滾滾

什麼啊，
連起床
都不願意？

挖

飼料

很嚴重……

遮

吼，總不可能
這樣滾上床吧？

翻滾

翻滾

吼吼！

嘿

呼啦啦

牛頓真的是很偉大的人。

嗜嗜

嗜

居然以萬有引力定律說明蘋果和行星的移動！

掉落

要是我看到蘋果掉下來，一定只會想著撿來吃而已……

掉落

一定很好吃！

不，我也可能會發現某項定律。

不用錢的蘋果更好吃的定律！

嗜咬 嗜咬

總之這本學習漫畫太有趣了。

學習與漫畫結合！難的內容也能簡單的理解。

嗜咬 嗜咬

這、這次又是怎樣？
想吃免錢的有問題嗎？

嗚哇，
嗚哇！

緊抓

哐哐

哐哐

我就知道會這樣，
所以我緊抓著飯碗。
這一次我一定要
顧好我的飯！

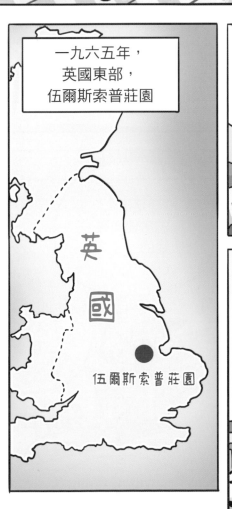

一九六五年，
英國東部，
伍爾斯索普莊園

英

國

伍爾斯索普莊園

這一次又來到
哪一個科學家的
實驗室？

這裡是草地，
看來不是室內。

很像是一般
農家？

有郊遊的感覺，
很好、很好。
還是要有這種日子。

給我打起精神！

咬

啊，不是！

好痛啊～

初次見面，我是鄭多允，經常能聽到牛頓先生的事情。

看起來很聰明……

汪汪

喔喔，原來是聽到我的傳聞。是啊，我確實是有點聰明。

看起來比三稜鏡那時還年輕……

請問，您的年紀是？

二十四歲，怎麼了？

喔，所以我是來到牛頓年輕的時候。

同一個人遇到兩次，這還是第一次！

總之，我現在沒空和你聊天，要說什麼快說，說完就快走吧。

我現在……

正忙著在尋找……

咘

蘋果掉到地上的原因。

掉落

到底為什麼？為什麼蘋果會掉到地上呢？

越吃越覺得是蘋果確實成熟了的證據？

啃咬

呃啊

吼!

這是上天偉大的自然法則，怎麼可以用這種枝微末節的說詞來判斷！給我打起精神來！羞愧的人類！

想想看，
如果蘋果不是
掉到地上的話，
會怎麼樣呢？

Let it go!

Me too!

整個就很奇怪吧？

很奇怪吧？

就是因為認為
蘋果理所當然
會掉到地上，
所以才不在乎
為什麼會這樣。

掉落

這世界
沒有什麼
理所當然的事情，
所有事情
都有其原因！

抓一把

地上的砂礫
不會飛向天空的
原因！

我們人類
無法飛向那
浩瀚天空和……

跳了會
再次……

跳！

掉回地上的
原因。

彈跳能力
真弱……

掉落

不論把蘋果丟多高，

丟

都會再次掉回……

咚

地表的原因。

啊！

我知道……

那個理由……

汪

！

吼！

踢

但我不說！

你還是個孩子，可是你知道原因？

對，你一定在哪裡聽過原因！

我不管了！

所以就是那個……嗯……就是那個……這個……

啊，好煩！快瘋了！

是啊是啊

算了，算了！像你這種裝懂卻又說不出來的人我看多了。

呼～好險

蘋果會掉落地面的原因！

掉落

是因為宇宙萬物都有互相吸引的力量，也就是「萬有引力定律」。

如果你用難以想像的力量丟出一個石頭。

火焰球！

可是即便如此，石頭還是會因為引力，而離不開地球……

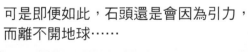

會繞地球一圈後，打到你的後腦勺。

碰

啊啊！

當然，這是假設在途中完全沒有障礙物的情況下。

咦，所以人造衛星不會離開地球，在地球周圍打轉的原因就是這個！

所以……
蘋果比地球輕很多，所以才會被吸引到地球這一邊嗎？

喔！

對，所以你也不完全是個吹牛大王囉？

當然不是！

喔，月亮出來了！

不只是蘋果，連天上出現的月亮都一樣。

為什麼月亮不會跑離地球？

Bye bye!

為什麼不會和地球碰撞，
一直在固定位置繞著地球轉呢？

碰

啊，痛！

是因為月亮如果想要脫離地球，
地球就會抓住它，
不讓它脫離。

哈哈哈哈！

哈哈！

嘎嘎嘎

你好嗎？

力量、運動……
這幾個簡單詞彙的
意義有多麼深奧，
人類知道嗎？

這個宇宙
是依循
三大運動定律
運行的。

第一個，慣性定律。

在外部沒有施力的情況下，無論是靜止，或是維持一定速度直線運動時，該物體都會維持其原本運動狀態。

煞車

前進

第二個，加速度定律。

運動改變的程度，會隨著對該物體的施力越大而越大，而物體的質量越大改變的程度就會越小。

第三個，作用力與反作用力定律。

施力的話，
一定會產生相等力量的
反作用力。

吹氣

作用力

反作用力

波 波 波 波 波 波

咻嗚

所以火箭噴出燃料
飛向天際也適用
同一定律……

果真是影響近代
科學的科學家。
可以這麼輕鬆
做到……

接下來
要研究光才行！

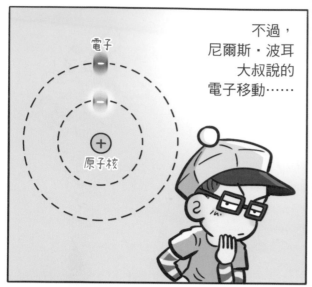

不過，
尼爾斯·波耳
大叔說的
電子移動⋯⋯

電子
原子核

？

沒有辦法用
牛頓運動定律
說明。

！

所以，現代
量子力學與牛頓的
古典物理學果然還是
有所不同。

咦？

這，
這個⋯⋯

嚇壞！

這不是
畫我的故事
的書嗎？

不是！
請忘記
這些！

搶走

您看到
哪裡了？

只看了
前面⋯⋯

居然偷窺我的
私生活……
你到底是什麼人？

我先走了！

給我
站住！

飛奔

咦！
我的三稜鏡！

噠 噠

我把三稜鏡
夾在那傢伙的
書裡了。

噠噠噠

是說
該怎麼辦？

怎麼樣
才能回到
未來？

原本都是
自然而然
就回到未來，
今天會是
例外嗎？

喔？

嗚哇哇

這不是三稜鏡鏡鏡鏡……

還好！
這一次也
自動回歸！

滋啪啪

居然可以
緊握著飯碗到最後！
Mix 真是了不起！

嗯嗯

自語

正式學畫漫

無法阻擋的
牛頓

無法阻擋的

牛頓真的是很偉大的人，
居然可以想到這些。
是說，要快點找出
時空移動的原因才行。

嗯嗯

悄悄

自語

……

打字 打字

訊息來了！

喀嚓

喀嚓 喀嚓

最近埋首牛頓中有點瘋癲，所以不要緊張。冬允

鄭多允……
連放假都如此
努力。
果然不是
平白有這等
實力的。

五分鐘後

呼嚕……
鼾……！

正式學習漫畫

無法阻擋的
牛頓

多允與 Mix 饒富趣味的量子力學時空之旅，

下集 待續！

一起動動腦
問答大挑戰

1. 古代希臘哲學家恩培多克勒主張，世上所有物質皆是由水、火、土、空氣組成，而德謨克利特反對恩培多克勒主張的_____，並提出原子論。

   答案：_____

2. 修正拉塞福的原子理論、提出新理論的丹麥物理學者，成功的說明氫原子光譜模型。

   答案：_____

3. 綜合物質的各種定律，提出自己的原子說的英國化學家，也是最先研究色盲的人。

   答案：_____

4. 分開光線時，會形成斷斷續續線條的圖樣，這個圖樣稱為什麼？

   答案：_____

5. 大致畫出簡單易理解的原子結構圖，有湯姆森的_____、拉塞福的_____等。

   答案：_____

6. 透過實驗驗證所有物質不是由水、火、土、空氣組成,而是由粒子組成這一事實的英國化學家。

答案:＿＿＿＿＿＿＿＿＿＿＿＿＿＿＿

7. 以三稜鏡研究光線,並成功的說明蘋果與月球運動的英國物理學家。

答案:＿＿＿＿＿＿＿＿＿＿＿＿＿＿＿

8. 在各種光線中,肉眼可看見的光線,也是瑞士物理學家約翰‧巴耳末研究從氫原子產生的＿＿＿＿＿領域。

答案:＿＿＿＿＿＿＿＿＿＿＿＿＿＿＿

答案請見第 194 頁

弄清事情真面目！方塊方塊邏輯！

怎麼跟我
帥氣的臉蛋
一樣……

答案：艾薩克．牛頓

問答大挑戰

1. 四元素說

2. 波耳

3. 道耳頓

4. 線狀光譜

5. 葡萄乾布丁原子模型；太陽系原子模型

6. 波以耳

7. 牛頓

8. 可見光

用兩種遊戲方式享受
科學家角色卡

第一種遊戲方法 一二三，誰贏了？
組合拿到的卡片，分數最高的就是贏家。

1. 混合所有卡片後，平均分配卡片，卡片只能自己看。

2. 所有參加者喊出「一二三」之後，同時秀出卡片，將可以組合的卡片兩兩一組拿出來，沒有的話就拿一張。

3. 擺出的卡片分數最高的人可以拿走所有的卡片。

4. 遊戲持續進行，最後會有一人拿走全部卡片，那個人就是勝者，遊戲結束！

第二種遊戲方法 是誰是誰？猜猜那是誰！
模仿角色的表情與行為，猜猜是誰的遊戲。

1. 混合卡片後，一樣分配好卡片，只能自己看。

2. 決定好參加者遊戲順序。

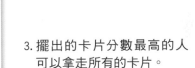
德謨克利特

3. 輪到自己時，選出自己手上的一張卡片，並模仿表情與行為。

德謨克利特

4. 其他人猜猜看是哪一位科學家，猜對的人可以拿走那張卡片。

5. 遊戲持續進行，最後會有一人失去所有卡片，遊戲結束，持有最多卡片者就是勝者。

卡片數量越多，遊戲會越好玩，對吧？第 2、3、4、5 集會有更多科學家角色卡，敬請期待！

知識館
漫畫量子力學 1
原子世界大探索
物質最小單位長什麼樣子？
穿越時空，與大科學家探索原子的真面貌
초등학생을 위한 양자역학 1: 시간 여행의 시작

小麥田

作　　　者	李億周 이억주
繪　　　者	洪承佑 홍승우
譯　　　者	陳聖薇
審　　　定	簡麗賢
封 面 設 計	翁秋燕
內 頁 編 排	傅婉琪
責 任 編 輯	蔡依帆

國 際 版 權	吳玲緯
行　　　銷	關志勳　吳宇軒　陳欣岑
業　　　務	李再星　陳紫晴　陳美燕　葉晉源
總 編 輯	巫維珍
編 輯 總 監	劉麗真
總 經 理	陳逸瑛
發 行 人	涂玉雲
出　　　版	小麥田出版

地址：臺北市民生東路二段 141 號 5 樓
電話：02-25007696· 傳真：02-25001967

發　　　行　英屬蓋曼群島商家庭傳媒股份有限公司城邦分公司
地址：臺北市中山區民生東路二段 141 號 11 樓
網址：http://www.cite.com.tw
客服專線：02-25007718；25007719
24 小時傳真專線：02-25001990；25001991
服務時間：週一至週五 09:30-12:00；13:30-17:00
劃撥帳號：19863813 戶名：書虫股份有限公司
讀者服務信箱：service@readingclub.com.tw

香港發行所　城邦（香港）出版集團有限公司
香港灣仔駱克道 193 號東超商業中心 1F
電話：852-25086231· 傳真：852-25789337

馬新發行所　城邦（馬新）出版集團
Cite(M) Sdn. Bhd.
41, Jalan Radin Anum, Bandar Baru Sri Petaling,
57000 Kuala Lumpur, Malaysia.
電話：(603)90563833· 傳真：(603)90576622
讀者服務信箱：services@cite.my

麥田部落格　http:// ryefield.pixnet.net

印　　　刷　漾格科技股份有限公司
初　　　版　2023 年 3 月
售　　　價　460 元
版權所有 · 翻印必究
ISBN　978-626-7000-97-7
本書如有缺頁、破損、倒裝，請寄回更換

國家圖書館出版品預行編目 (CIP) 資料

漫畫量子力學 1. 原子世界大探索：物質最小單位長什麼樣子？穿越時空，與大科學家探索原子的真面貌 / 李億周著；洪承佑繪；陳聖薇譯. -- 初版. -- 臺北市：小麥田出版：英屬蓋曼群島商家庭傳媒股份有限公司城邦分公司發行，2023.03
面；　公分. -- (小麥田知識館)
譯自：초등학생을 위한 양자역학. 1：시간 여행의 시작
ISBN 978-626-7000-97-7(平裝)

1.CST: 物理學 2.CST: 量子力學
3.CST: 漫畫
330　　　　　　　　　　111019485

城邦讀書花園
www.cite.com.tw
書店網址：www.cite.com.tw

科學家角色卡 （請沿虛線剪下使用）

一張張剪下使用。

德謨克利特　①

古希臘哲學家（西元前 460 ？～西元前 370 ？）主張所有物質都是由極小原子組成的「原子論」，又被稱為「笑的哲學家」。

分數 2500 ｜ 可與 4 號道耳頓卡片組合

Copyright©2020 by Bookhouse.

安東萬・拉瓦節　③

法國化學家（1743～1794）發現不論何種物質，出現何種化學反應，重都會維持相同的「質量守恆定律」，同時還成功的將水分離為靈與氣，對化學發展貢獻極大。

分數 3500 ｜ 可與 2 號波以耳卡片組合

Copyright©2020 by Bookhouse.

約翰・道耳頓　④

英國化學家（1766～1844）「原子說」創始人，奠定質量守恆定律、粒子論整理，第一位研究色盲的科學家。

分數 1500 ｜ 可與 1 號德謨克利特卡片、6 號牛頓卡片組合

Copyright©2020 by Bookhouse.

羅伯特・波以耳　②

英國化學家（1627～1691）認為實驗很重要，透過 J 型玻璃管實驗發現「波以耳定律」，被評價為以實驗確立近代化學基礎之人。

分數 2200 ｜ 可與 3 號拉瓦節卡片組合

Copyright©2020 by Bookhouse.

德米特里・門得列夫　⑤

俄羅斯化學家（1834～1907）將元素依照一定規律羅列，製成元素週期表，並預測往後會發現新的元素，而在表格中留下空格。

分數 2500 ｜ 可與 9 號週期表卡片組合

Copyright©2020 by Bookhouse.

科學家角色卡 （請沿虛線剪下使用）

遊戲方式
請參考書本
第 195 頁。

━ 艾薩克・牛頓 ━

⑥

英國物理學家（1643～1727）
透過三稜鏡實驗發現陽光是由多種光線組成，成功的以「萬有引力定律」與「三大運動定律」說明物體的運動。

分數	可與 4 號
2300	道耳頓卡片組合

Copyright©2020 by Bookhouse.

━ 尼爾斯・波耳 ━

丹麥物理學家（1885～1962）
電子僅在特定軌道運行，並提出在改變軌道時會吸收，或釋放能量的新原子模型。之後提出「哥本哈根詮釋樣」，建立量子力學的框架。

分數	可與 7 號
3200	拉塞福卡片組合

⑧

Copyright©2020 by Bookhouse.

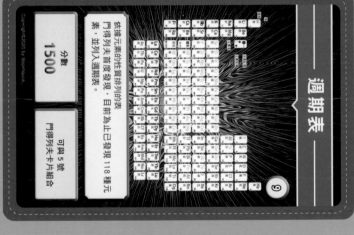

━ 週期表 ━

依據元素的性質排列的表門得列夫首度發現，並列入週期表。
目前為止已發現 118 種元素。

分數	可與 5 號
1500	門得列夫卡片組合

⑨

Copyright©2020 by Bookhouse.

━ 歐尼斯特・拉塞福 ━

⑦

紐西蘭物理學家（1871～1937）
以 α 粒子實驗發現原子核，並提出電子圍繞著原子核打轉的太陽系原子模型。之後又發現了原子核是由比質子還小的粒子組成的。

分數	可與 8 號波耳卡片、
3000	10 號太陽系原子模型卡片組合

Copyright©2020 by Bookhouse.

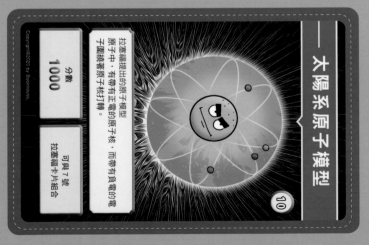

━ 太陽系原子模型 ━

拉塞福提出的原子模型原子中，有帶有正電的原子核，而帶有負電的電子圍繞著原子核打轉。

分數	可與 7 號
1000	拉塞福卡片組合

⑩

Copyright©2020 by Bookhouse.

漫畫
量子力學

漫畫
量子力學

漫畫
量子力學

漫畫
量子力學

漫畫
量子力學